首饰设计与工艺系列丛书
首饰雕蜡工艺

郐靖文　著
滕　菲　主审
刘　骁　主编

人民邮电出版社
北　京

图书在版编目（CIP）数据

首饰雕蜡工艺 / 邰靖文著；刘骁主编. -- 北京：
人民邮电出版社，2022.5
（首饰设计与工艺系列丛书）
ISBN 978-7-115-58019-1

Ⅰ. ①首… Ⅱ. ①邰… ②刘… Ⅲ. ①首饰—生产工
艺 Ⅳ. ①TS934.3-62

中国版本图书馆CIP数据核字(2021)第242495号

内 容 提 要

　　国民经济的快速发展和人民生活水平的提高不断激发国民对珠宝首饰消费的热情，人们对饰品的审美、情感
与精神需求也在日益提升。近些年，新的商业与营销模式不断涌现，在这样的趋势下，对首饰设计师能力与素质
的要求越来越全面，不仅要具备设计和制作某件具体产品的能力，同时也要求具有创新性、整体性的思维与系统
性的工作方法，以满足不同商业的消费及情境体验的受众需求，为此我们策划了这套《首饰设计与工艺系列丛书》。

　　本书是关于首饰制作中与雕蜡相关的工艺技法图书。全书分为10章：第1章讲解了雕蜡与铸造工艺的概论及
基本原理；第2章至第5章，通过对素圈戒指、异形戒指、纹理戒指、镶嵌雕蜡、平面造型雕蜡等案例循序渐进的
分析，讲解了雕蜡工艺的基础技法；第6章至第8章主要讲解了雕蜡工艺的拓展技法，对其中的立体造型雕蜡、软
蜡的应用及首饰结构雕蜡进行了详细的解析；第9章围绕模具材料的制作，展开介绍了首饰制作中蜡灌制技法的
相关应用；第10章主要介绍了铸件处理、金属部件连接、宝石镶嵌、金属的做旧与复制等金工基础方面的知识。

　　本书结构安排合理，内容翔实丰富，具有较强的针对性与实践性，不仅适合珠宝设计初学者、各大珠宝类院
校学生及具有一定经验的珠宝设计师阅读，也可帮助他们巩固与提升自身的设计创新能力。

◆ 著　　　　　邰靖文

　　主　　审　　滕菲

　　主　　编　　刘骁

　　责任编辑　　王铁

　　责任印制　　周昇亮

◆ 人民邮电出版社出版发行　　　北京市丰台区成寿寺路 11 号
　　邮编　100164　　电子邮件　315@ptpress.com.cn
　　网址　https://www.ptpress.com.cn
　　涿州市般润文化传播有限公司印刷

◆ 开本：787×1092　1/16
　　印张：11.5　　　　　　　　　　　2022 年 5 月第 1 版
　　字数：294 千字　　　　　　　　 2024 年 8 月河北第 4 次印刷

定价：99.00 元

读者服务热线：(010)81055296　印装质量热线：(010)81055316
反盗版热线：(010)81055315
广告经营许可证：京东市监广登字 20170147 号

丛书编委会

丛书专家委员会

推荐序 I

开枝散叶又一春

辛丑年的冬天，我收到《首饰设计与工艺系列丛书》主编刘骁老师的邀约，为丛书做主审并作序。抱着学习的态度，我欣然答应了。拿到第一批即将出版的 4 本书稿和其他后续将要出版的相关资料，发现从主编到每本书的著者大多是自己这些年教过的已毕业的学生，这令我倍感欣喜和欣慰。面对眼前的这一切，我任思绪游弋，回望二十几年来中央美术学院首饰设计专业的创建和教学不断深化发展的情境。

我们从观察自然，到关照内里，觉知初心；从视觉、触觉、身体对材料材质的深入体悟，去提升对材质的敏感性与审美能力；在中外首饰发展演绎的历史长河里，去传承精髓，吸纳养分，体味时空转换的不确定性；我们到不同民族地域文化中去探究首饰文化与艺术创造的多元可能性；鼓励学生学会质疑，具有独立的思辨能力和批判精神；输出关注社会、关切人文与科技并举的理念，立足可持续发展之道，与万物和谐相依，让首饰不仅具备装点的功效，更要带给人心灵的体验，成为每个个体精神生活的一部分，以提升人类生活的品质。我一直以为，无论是一枚小小的胸针还是一座庞大博物馆的设计与构建，都会因做事的人不同，而导致事物的过程与结果的不同，万事的得失成败都取决于做事之人。所以在我的教学理念中，培养人与教授技能需两者并重，不失偏颇，而其中对人整体素养的培养是重中之重，这其中包含了人的德行，热爱专业的精神，有独特而强悍的思辨及技艺作支撑，但凡具备这些基本要点，就能打好一个专业人的根基。

好书出自好作者。刘骁作为《首饰设计与工艺系列丛书》的主编，很好地构建了珠宝首饰所关联的自然科学、社会科学与人文科学，汇集彼此迥异而又丰富的知识理论、研究方法和学科基础，形成以首饰相关工艺为基础、艺术与设计思维为导向，在商业和艺术语境下的首饰设计与创作方法为路径的教学框架。

该丛书是一套从入门到专业的实训类图书。每本图书的著者都具有首饰艺术与设计的亲身实践经历，能够引领读者进入他们的专业世界。一枚小首饰，展开后却可以是个大世界，创想、绘图、雕蜡、金工、镶嵌……都可以引入令人神往的境地，以激发读者满怀激情地去阅读与学习。在这个过程中，我们会与"硬数据"——可看可摸到的材料技艺和"软价值"——无从触及的思辨层面相遇，其中创意方法的传授应归结于思辨层面的引导与开启，借恰当的转译方式或优秀的案例助力启迪，这对创意能力的培养是行之有效的方法。用心细读可以看到，丛书中许多案例都是获得国内外专业大奖的优秀作品，他们不只是给出一个作品结果，更重要和有价值的，还在于把创作者的思辨与实践过程完美地呈现给了读者。读者从中可以了解到一件作品落地之前，每个节点变化由来的逻辑，这通常是一件好作品生成不可或缺的治学态度和实践过程，也是成就佳作的必由之路。本套丛书的主编刘骁老师和各位专著作者，是一批集教学与个人实践于一体的优秀青年专业人才，具有开放的胸襟与扎实的根基。他们在专业上，无论是为国内外各类知名品牌做项目设计总监，还是在探究颇具前瞻性的实验课题，抑或是专注社会的公益事业上，都充分展示出很强的文化传承性，融汇中西且转化自如。本套丛书对首饰设计与制作的常用或主要技能和工艺做了独立的编排，之于读者来讲是很难得的，能够完整深入地了解相关专业；之于我而言则还有另一个收获，那就是看到一批年轻优秀的专业人成长了起来，他们在我们的《十年·有声》之后的又一个十年里开枝散叶，各显神采。

党的二十大以来，提出了"实施科教兴国战略，强化现代化建设人才支撑"，我们要坚持为党育人，为国育才，"教育就像培植树苗，要不断修枝剪叶，即便有阳光、水分、良好的氛围，面对盘根错节、貌似昌盛的假象，要舍得修正，才能根深叶茂长成参天大树，修得正果。"[注] 由衷期待每一位热爱首饰艺术的读者能从书中获得滋养，感受生动鲜活的人生，一同开枝散叶，喜迎又一春。

辛丑年冬月初八

注：滕菲：《十年·有声——中央美术学院与国际当代首饰》，中国纺织出版社，2012，第 14 页

推荐序 ll

　　随着国民经济的快速发展，人民物质生活水平日益提高，大众对珠宝首饰的消费热情不断提升，人们不仅仅是为了保值与收藏，同时也对相关的艺术与文化更加感兴趣。越来越多的人希望通过亲身的设计和制作来抒发情感，创造具有个人风格的首饰艺术作品，或是以此为出发点形成商业化的产品与品牌，投身万众创业的新浪潮之中。

　　《首饰设计与工艺系列丛书》希望通过传播和普及首饰艺术设计与工艺相关的知识理论与实践经验，产生一定的社会效益：一是读者通过该系列丛书对首饰艺术文化有一定的了解和鉴赏，亲身体验设计创作首饰的乐趣，充实精神文化生活，这有益于身心健康和提升幸福感；二是以首饰艺术设计为切入点探索社会主义精神文明建设中社会美育的具体路径，促进社会和谐发展；三是以首饰设计制作的行业特点助力大众创业、万众创新的新浪潮，协同构建人人创新的社会新态势，在创造物质财富的过程中同时实现精神追求。

　　党的二十大报告指出"教育是国之大计、党之大计。培养什么人、怎样培养人、为谁培养人是教育的根本问题。"首饰艺术设计的普及和传播则是社会美育具体路径的探索。论语中"兴于诗，立于礼，成于乐"强调审美教育对于人格培养的作用，蔡元培先生曾倡导"美育是最重要、最基础的人生观教育"。首饰是穿戴的艺术，是生活的艺术。随着科技、经济的发展，社会消费水平的提升，首饰艺术理念日益深入人心，用于进行首饰创作的材料日益丰富和普及，为首饰进入人们的日常生活奠定了基础。人们可以通过佩戴、鉴赏、消费、收藏甚至亲手制作首饰参与审美活动，抒发情感，陶冶情操，得到美的享受，在优秀的首饰作品中形成享受艺术和文化的日常生活习惯，培养高品位的精神追求，在高雅艺术中宣泄表达，培养积极向上的生活态度。

　　人们在首饰设计制作实践中培养创造美和实现美的能力。首饰艺术设计是培养一个人观察力、感受力、想象力与创造力的有效方式，人们在家中就能展开独立的设计和制作工作，通过学习首饰制作工艺技术，把制作首饰当作工作学习之余的休闲方式，将所见所思所感通过制作的方式表达出来。在制作过程中专注于一处，体会"匠人"精神，在亲身体验中感受材料的多种美感与艺术潜力，在创作中找到乐趣、充实内心，又外化为可见的艺术欣赏。首饰是生活的艺术，具有良好艺术品位的首饰能够自然而然地将审美活动带入人们社会交往、生活休闲的情境中，起到滋养人心的作用。通过对首饰艺术文化的了解，人们可以掌握相关传统与习俗、时尚潮流，以及前沿科技在穿戴体验中的创新应用；同时它以鲜活和生动的姿态在历史长河中也折射出社会、经济、政治的某一方面，像水面泛起的粼粼波光，展现独特魅力。

　　首饰艺术设计的传播和普及有利于促进社会创业创新事业发展。创新不仅指的是技术、管理、流程、营销方面的创新，通过文化艺术的赋能给原有资源带来新价值的经营活动同样是创新。当前中国经济发展正处于新旧动能转换的关键期，"人人创新"，本质上是知识社会条件下创新民主化的实现。随着互联网、物联网、智能计算等数字技术所带来的知识获取和互动的便利，创业创新不再是少数人的专利，而是多数人的机会，他们既是需求者也是创新者，是拥有人文情怀的社会创新者。

随着相关工艺设备愈发向小型化、便捷化、家庭化发展，首饰制作的即时性、灵活性等优势更加突显。个人或多人小型工作空间能够灵活搭建，手工艺工具与小型机械化、数字化设备，如小型车床、3D 打印机等综合运用，操作更为便利，我们可以预见到一种更灵活的多元化"手工艺"形态的显现——并非回归于旧的技术，而是充分利用今日与未来技术所提供的潜能，回归于小规模的、个性化的工作，越来越多的生产活动将由个人、匠师所承担，与工业化大规模生产相互渗透、支撑与补充，创造力的碰撞将是巨大的，每一个个体都会实现多样化发展。同时，随着首饰的内涵与外延的不断深化和扩大，首饰的类型与市场也越来越细分与精准，除了传统中大型企业经营的高级珠宝、品牌连锁，也有个人创作的艺术首饰与定制。新的渠道与营销模式不断涌现，从线下的买手店、"快闪店"、创意市集、首饰艺廊，到网店、众筹、直播、社群营销等，愈发细分的市场与渠道，让差异化、个性化的体验与需求在日益丰富的工艺技术支持下释放出巨大能量和潜力。

本套丛书是在此目标和需求下应运而生的从入门到专业的实训类图书。丛书中有丰富的首饰制作实操所需各类工艺的讲授，如金工工艺、宝石镶嵌工艺、雕蜡工艺、珐琅工艺、玉石雕刻工艺等，囊括了首饰艺术设计相关的主要材料、工艺与技术，同时也包含首饰设计与创意方法的训练，以及首饰设计相关视觉表达所需的技法训练，如手绘效果图表达和计算机三维建模及渲染效果图，分别涉猎不同工具软件和操作技巧。本套丛书尝试在已有首饰及相关领域挖掘新认识、新产品、新意义，拓展并夯实首饰的内涵与外延，培养相关领域人才的复合型能力，以满足首饰相关的领域已经到来或即将面临的复杂状况和挑战。

本套丛书邀请了目前国内多所院校首饰专业教师与学术骨干作为主笔，如中央美术学院、清华大学美术学院、中国地质大学、北京服装学院、湖北美术学院等，他们有着深厚的艺术人文素养，掌握切实有效的教学方法，同时也具有丰富的实践经验，深耕相关行业多年，以跨学科思维及全球化的视野洞悉珠宝行业本身的机遇与挑战，对行业未来发展有独到见解。

青年强，则国家强。当代中国青年生逢其时，施展才干的舞台无比广阔，实现梦想的前景无比光明。希望本套丛书的编写不仅能丰富对首饰艺术有志趣的读者朋友们的艺术文化生活，同时也能促进高校素质教育相关课程的建设，为社会主义精神文明建设提供新方向和新路径。

记于北京后沙峪寓所

2021 年 12 月 15 日

序言
PREFACE

　　《首饰雕蜡工艺》是一本讲解首饰制作中与蜡相关工艺的图书，包括"失蜡铸造的工艺延展""首饰雕蜡技法""以蜡作为媒介去创作"3个层面的内容。失蜡铸造是指以失蜡法为主的铸造方法，能够以蜡为原料，完成各式器形的创作，大至钟鼎，小至手镯。失蜡铸造体现了中国古代人民的智慧与创造力，是人类历史上不可忽视的对人力与自然之物的探寻之术。现代首饰制作行业沿袭了失蜡铸造的方法，工艺的改良与机器的加入也让这一工艺更加精进与便捷。以工艺与原料为媒介，我们能够更好地实现创作的想法，并在学习的过程中发现更多的可能性，这便是本书想要传达的理念。

　　明代著作《天工开物》中有关于失蜡铸造的详细记载。在冶铸篇的开端，作者宋应星用这样几句话对铸造进行了描述："首山之采，肇自轩辕，源流远矣哉。九牧贡金，用襄禹鼎，从此火金功用日异而月新矣。夫金之生也，以土为母，及其成形而效用于世也，母模子肖，亦犹是焉。精粗巨细之间，但见钝者司舂，利者司垦，薄其身以媒合水火而百姓繁，虚其腹以振荡空灵而八音起。愿者肖仙梵之身，而尘凡有至象。巧者夺上清之魄，而海宇遍流泉，即屈指唱筹，岂能悉数！要之，人力不至于此。"这段话论述了金属、泥土、人力、铸造、器物之间的关系，讲述了人力从自然中获取灵感与资源，又服务于人类的过程。千百年来，人类不断提高技术与审美，在探寻人力与自然的旅程中征服了更高的山峦。而冶铸这一技术也在工业革命之后获得了新的生命力。直至今日，冶铸技术依然在各个行业与领域应用。尺寸精确的机械零部件，精密的齿科铸造，精巧的金银饰品，都体现了人类对工艺的追求与运用。

　　在《资本论》中，马克思认为工艺能够揭示人对自然的能动关系，是人的生活的直接生产过程，以及人的社会生活条件和由此产生的精神观念的直接生产过程。首饰艺术创作的过程中有无尽的可能性。作品的雕琢、打磨不仅是"工艺"，更是一种"创作方法"，只有掌握了一定的"创作方法"，才能更好地进行创作。每一位艺术家或手作人都有自己特有的工作方式与方法，本书是作者根据自己多年来的首饰雕蜡工艺的学习经验及教学经验整理出的基本技法教学内容。虽"能与人规矩，不能使人巧"，但作者仍希望读者能够以本书为基石，开拓更多有趣、有序的工作方法，创作出更多动人的作品。无须"枉费推移力"，也能够"中流自在行"。

作者

2022 年 1 月

Contents **目录**

第 1 章

雕蜡与铸造
工艺基本原理

CHAPTER 01

以雕蜡工艺成型的首饰制作技法分为两个部分，一部分为首饰雕蜡，一部分为首饰铸造。首饰雕蜡是通过雕刻工具将蜡塑造成型的一种技法，首饰铸造则是以失蜡铸造为基本原理将蜡转换成金属的技法。娴熟的首饰雕蜡技法是首饰作品铸造成功的基本保障，而精妙的首饰铸造技法是首饰作品最终成型的决定因素。

雕蜡与铸造工艺介绍

　　在现代首饰加工流程中，铸造环节往往交由设备齐全、工艺娴熟的铸造工厂来完成。了解铸造的工艺流程，起着为首饰雕蜡规避风险的作用；了解铸造对雕蜡作品的蜡片厚度、精细度的要求，有助于作品的成功铸造。

◆ 失蜡铸造原理

　　现代首饰的铸造环节是基于传统的失蜡铸造，应用现代加工机器完成的精密铸造。失蜡铸造又被称为熔模铸造，是以焚失法为基础发展而成的一种铸造方法。失蜡铸造方法（以下简称"失蜡法"）有着悠久的应用历史，直到科技发展迅速的今天，也仍在应用。

　　《天工开物》中的冶铸篇关于中国古代使用失蜡法进行铸造的详细记述，能够让我们清晰地了解失蜡法的原理及一件器物的铸造过程。下面我们以万斤重的青铜钟和精致的小佛像为例，还原当时的蜡模制作步骤与铸造情景。

1. 蜡模的制作

　　蜡材的可塑性良好，可以进行精细的雕刻。因此，失蜡法常用于青铜、白银、黄金等金属器物的精密铸造。从重量只有几克的精致小物到成吨重的器物，都可以用失蜡法铸造出来。

（1）准备工作

　　在正式开始制作青铜钟的蜡模前，需要先在土地上挖一个 3 米多深的坑。坑内需要保持干燥，并且需要修葺得如同房舍一样工整。接下来的制模操作将在这个深坑里进行。

（2）制作三合土内模

　　混合石灰、黏土和细砂（也就是常被用作建筑材料的三合土）制作青铜钟的内模。内模需要做得平整光滑，不能有一丝裂缝，内模形状如图 1-1 所示。

（3）制作油蜡内模

　　当用三合土做的青铜钟内模完全干透后，用牛油和黄蜡的混合物（牛油和黄蜡的比例为 8:2）在内模上涂上几寸厚（1寸约为 3.33 厘米，涂抹的厚度等同于最后青铜钟的厚度）。把油蜡层涂抹平整以后开始精细地雕刻上面的图案和文字，完成青铜钟蜡模的雕蜡工作，效果如图 1-2 所示。

图 1-1

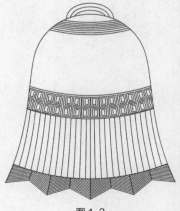

图 1-2

要注意的是，需要在蜡模上方搭一个可以遮阳、避雨的棚子，如图1-3所示。另外，夏天不宜做蜡模，因为过高的温度会使牛油无法冻结硬化，我们也就不能精细地雕刻油蜡层了。

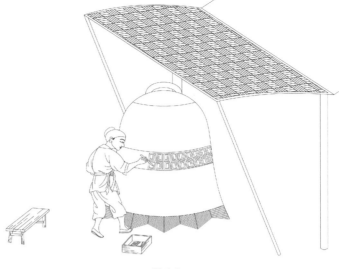

图1-3

2. 模具的制作

蜡模做好之后，需要在蜡的外面制作一个模具，模具的质量会直接影响后期的浇铸。

（1）制作泥壳模具

将研磨并且筛过的泥粉炭末调成糊状，一层一层地铺在蜡模上，直到形成一个几寸厚的泥壳（这个泥壳就是用来浇注金属液的模具）。

（2）脱蜡

等到泥壳自然干透、变得坚硬以后，用火慢慢地炙烤泥壳的外面，使里面的油蜡从模具的开口处流干净，这时就得到了一个可以浇注金属液的空心青铜钟模具。

3. 金属浇铸

可以用来浇铸的金属有金、银、铜、铁等，这里以青铜钟为例进行浇铸技巧的讲解。

（1）准备铜材料

在浇注金属液前，需要准备等量的铜材料。0.5kg油蜡的体积等同于5kg铜的体积，据此计算出制作这个青铜钟需要的铜材料的数量，准备将其熔化（通常在制作油蜡内模的时候就会确定油蜡的使用量）。

（2）浇铸

青铜钟模具巨大，需要用大量铜溶液进行一气呵成的浇铸，通常会在青铜钟模具的周围修筑几个熔炉和土槽。土槽的上端连接熔炉，下端倾斜，连接模具的浇铸开口处，土槽两边需要用炭火围起来以保持温度。当所有熔炉内的铜熔化以后，一齐打开所有熔炉的塞口，铜溶液就会沿着土槽一起流进模具，青铜钟就铸造完成了，浇铸流程如图1-4所示。

（3）开模

浇铸好后，等待青铜钟冷却，然后砸碎泥壳模具，清理缝隙，检查一下浇铸的成品，青铜钟就制成了。

（4）铸造佛像

没有那么大体量的小型器物（如一尊精致的佛像）的铸造原理与青铜钟的铸造原理是一样的。工匠会在油蜡层进行精细雕刻，如图1-5所示，有些时候也会把底座和佛像分开雕刻，然后将其焊接在一起。

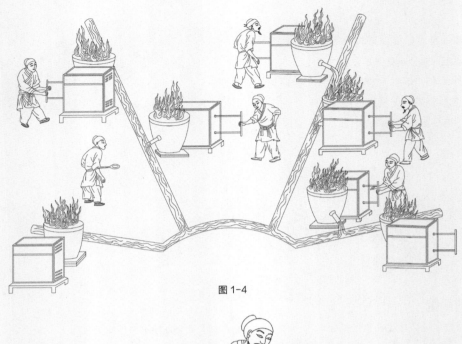

图 1-4

图 1-5

浇铸时只需要在铜熔化后，根据之前算好的重量，两人或多人一组抬起炉子，将铜溶液从模具口倾倒进去就可以了，如图 1-6 所示。这种可以搬运的炉子都是特制的，一般会在炉子底部的壁上打上两对对称的圆孔，用来穿抬炉子的棍子。

图 1-6

4. 应用方式

规范地完成以上几个步骤就可以得到一件制作精良的铸件。合理地应用失蜡法的特性，可以创作出结构精巧、造型生动的作品。失蜡法有以下几种具体的应用方式。

（1）分件铸造，代表作品为长信宫灯

被称为"国宝级"工艺品的长信宫灯就是一件使用失蜡法铸造的精美器具，如图 1-7 所示。它的造型别致，结构更是精巧。作为一件照明的器具，它可以通过自身的结构控制火光的明暗；得益于巧妙的设计，它拥有自己的一套排烟系统。为了实现这样的功能性，人们在制作长信宫灯时使用了分件铸造的方法，将器具分为 7 个部分，如图 1-8 所示。使用分件铸造的方法既保证了内部空间的完整流畅，也降低了铸造难度。

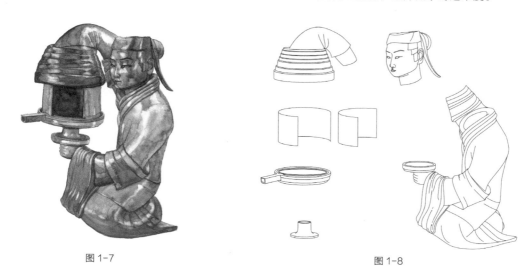

图 1-7   图 1-8

（2）辅助其他工艺，代表作品为青铜错银灵猴带钩

带钩是古人彰显身份、品味的一个特别的小物件，一般为金属、玉石等材质。图 1-9 所示的这枚灵猴带钩是使用失蜡法铸造、辅助错金银的工艺制成的，小巧精致的灵猴形象生动可爱。相对于大型的铜钟，用蜡雕刻这样一个小物件算是相对轻松的工作了。因为在蜡上可以雕刻极为精细的线条，所以失蜡法非常适合用来辅助错金银这样的工艺。这样一枚小小的带钩其实大有文章，不同的造型、不同的工艺，都是经过佩戴者精心挑选的。古人往往会在带钩的造型上费些心思，为其赋予一些美好的寓意。图 1-10 所示为佩戴示意图。有这样一只灵猴钩于腰间，也是一件非常愉悦的事情了。

图 1-9

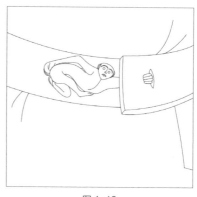

图 1-10

（3）一体成型，代表作品为龙头连珠镯

连珠镯是元代比较流行的手镯样式，往往在连珠状的手镯两端雕刻有小巧的龙头形象。连珠镯通常有两种款式，一种是空心连珠镯，另一种是实心连珠镯。相对于需要敲珠焊接的空心连珠镯，使用失蜡法制成的实心连珠镯更易塑造形态，可以一体成型进行铸造，省去了后续焊接的工作，而且更有分量感。图1-11所示的龙头连珠镯就是一只实心连珠镯，虽然出土时已经损坏，但是依然能看出小巧的龙头雕刻得十分生动。

失蜡法的出现及应用在一定程度上推动了工艺的发展，也让工艺更好地服务于人们的生活，即使是在科技发达的现代，失蜡法通过工艺的改良也依然广泛应用于铸造行业。

图 1-11

◆ 失蜡铸造在现代首饰加工中的应用及拓展

在现代首饰加工中，改良过的失蜡铸造是一种比较常用的加工方法，可以完美地铸造出造型别致的物件。在工业革命的推动下，加入了机器之后，失蜡铸造的品质和效率大大提升了。

一件首饰的铸造可以规范为以下几个步骤（不同的工厂会有不同的加工习惯）。

1. 种水口（加水口）

为想要铸造的物件种一个水口，作为金属溶液流动的通道，注意根据不同物体的形状种上合适的水口（不同粗细的蜡线）。恰当的水口角度和组合形状是铸造成功的基础保证。为形状简洁的蜡件种水口，只需要在不会破坏蜡件形状的地方接上一小段蜡棍，如图1-12所示。如果是一些形状相同的小物件，可以在分别为每一个蜡件种好水口后再把它们一起种在另一根蜡棍上，如图1-13所示。形状相对不规则的蜡件则需要根据不同的形状特点处理水口。中间空隙较大的蜡件一般会在两边各种一个水口，再将其合种在一根蜡棍上，如图1-14所示。这些形状不规则的蜡件都需要在仔细查看后，在不同的区域进行水口的添加。花形戒指在种水口时，会先在没有图案纹理的戒圈上焊上相对较粗的水口，如图1-15所示；再在粗水口上焊一个连接花头背部的水口，如图1-16所示。

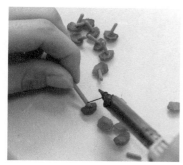

图 1-12

图 1-13

图 1-14

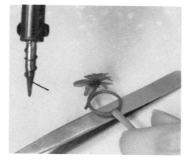

图 1-15

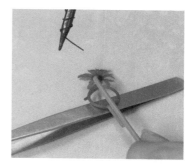

图 1-16

2. 种蜡树（上树）

把种好水口的蜡件根据大小、形状依次种在一根较粗的蜡棍上，如图 1-17 所示。调整好每一个蜡件的角度和间隙，如图 1-18 所示，直到种成图 1-19 所示的蜡树。好的排列是铸造成功的关键。

图 1-17

图 1-18

图 1-19

3. 称重

蜡树种好以后，需要进行称重，如图 1-20 所示。蜡树下方的胶皮底座上会标注底座自身的重量。在称好整体的重量以后，需要减去底座的重量，得到蜡树的重量。

4. 进盅

盅是带有圆形孔洞的金属筒，将记录好重量的蜡树缓缓放入缠绕着胶带的盅里（胶带的作用是防止后期浇注石膏时有膏体漏出），如图 1-21 所示。进盅时需要非常谨慎，不能刮碰到种好的蜡树；蜡树与金属盅壁之间应该留有 1cm 左右的空隙，如图 1-22 所示。

图 1-20

图 1-21

图 1-22

5. 浇注石膏

蜡树顺利进盅以后，准备浇注石膏。为石膏粉称重后加入适量的清水，用搅拌机均匀搅拌，如图 **1-23** 所示。将搅拌均匀的石膏浇注进盅，如图 **1-24** 所示。在石膏盅内放入抽真空的设备，保证石膏内的气体被抽出，如图 **1-25** 所示。

图 1-23

图 1-24

图 1-25

6. 脱蜡

静置抽过气体的石膏盅，等待石膏初步凝固（根据气温的变化，等待的时间也会不同）。在凝固的石膏顶面标注盅体的编号，清理盅外的胶带和外溢的石膏，效果如图 **1-26** 所示。放入炉子并设置好温度，炉子的内壁底面是一块带有圆形孔洞的耐火板，炉子底部有与圆形孔洞相通的金属盒子（储蜡盒），用来盛放排出的蜡液，如图 **1-27** 所示。通过高温烘烤，石膏中的蜡件逐渐熔化并排到储蜡盒中。8 个小时左右就可以取出脱蜡的石膏模子了。这个时候可以看到炉子下方的储蜡盒里有排出的尚未凝固的蜡液，如图 **1-28** 所示。

图 1-26

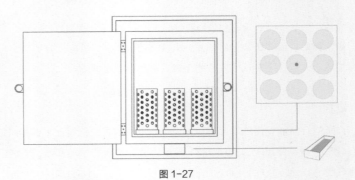

图 1-27

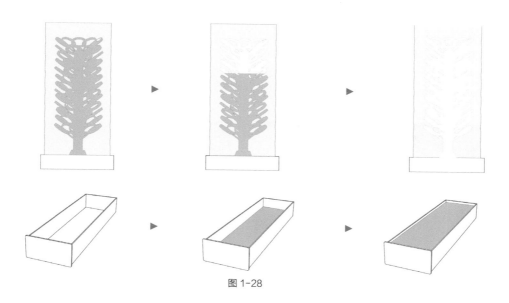

图 1-28

7. 备铸

依据蜡的重量计算出需要的金属材料的重量。一般来说，铸造用的金属材料都会被处理成细碎的小块或小珠，以便更快被熔化。铸造常用的金属有6类——黄铜（Cu）、纯银（Ag）、玫瑰金/白金/黄金（Au）、铂金（Pt），如图 1-29 所示。

图 1-29

8. 浇铸

将准备好的金属材料倒入熔金碗（一般为石膏材质），放入少量的硼砂，用火枪进行加热，使金属材料熔化，如图 1-30 所示。金属材料充分熔化后，将其缓缓注入石膏盅内，完成浇筑，如图 1-31 所示。静置浇铸好的石膏盅，等待金属液凝固。

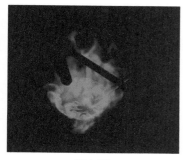

图 1-30

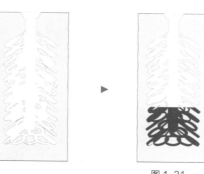

图 1-31

9. 金属脱模

将未完全冷却的石膏盅浸入水中浸泡清洗，如图 1-32 所示。因为石膏盅仍处于较热的状态，盅内的石膏在冷水的浸泡冲洗下很容易碎裂、脱出，这样可以很轻松地取出里面的金属树；再用高压水枪冲洗金属树上挂有的残留石膏，完成金属脱模的步骤，如图 1-33 所示。

图 1-32

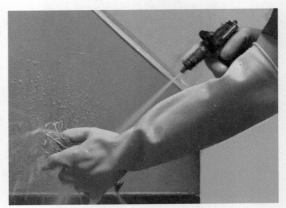

图 1-33

10. 泡酸

将冲洗干净的金属树轻轻地放入稀释过的硫酸溶液中，清除铸造过程中产生的杂质，并将用不同的金属材料做成的金属树分别放入不同的桶中。将金材料的金属树放入一个桶中，如图 1-34 所示，将银材料的金属树放入另一个桶中，如图 1-35 所示。

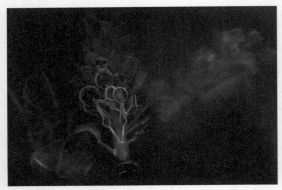

图 1-34

图 1-35

11. 烘干

用清水冲洗从硫酸溶液中取出的金属树，在架子上沥干水分，使金属铸件不再滴水，如图 1-36 所示。用热风机进一步烘干不再滴水的金属树，确保金属铸件洁净且干燥，热风机可以精准快速地烘干金属铸件的每一个角落，如图 1-37 所示。

图 1-36

图 1-37

12. 剪水口

　　检查烘干好的金属树上是否有石膏残留，并用尖锐的工具挑出残留的石膏，如图 1-38 所示。从检查好的金属树底部的物件开始剪切，逐层将之前种在树上的物件一件一件地剪下来，这一过程称为剪水口，如图 1-39 所示。为了避免金属在剪水口的过程中变形，会在每件剪下的金属物件上保留一小段水口，如图 1-40 所示。

13. 回收

　　将光秃秃的金属树修剪干净，并收集金属树干和修剪下来的水口，将它们放在电子秤上进行称重回收，用于下一次的铸造。到此为止，一次应用失蜡原理的精密铸造流程就结束了。

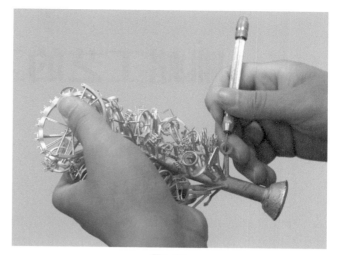

图 1-38

图 1-39

图 1-40

雕蜡工艺的工具选择

选择得心应手的工具是雕蜡工艺中必不可少的环节，根据不同的工艺，工具可分为以下几类。

1. 蜡材

雕蜡常用的材料分为硬蜡与软蜡，市面上可以买到不同形状的蜡材，可以根据需要进行购买。

硬蜡中较为常用的有盒装蜡片，一盒不同厚度的蜡片适用于雕刻不同厚度的蜡件，如图 1-41 所示。如果需要更薄的蜡片，可以另行购买对应尺寸的薄蜡片。首饰雕蜡中常用的蜡片厚度有 0.8mm、1mm、1.5mm、2mm 等，如图 1-42 所示。除了蜡片外，不同粗细的蜡棍也很常用，如适用于制作耳钉的直径为 0.7mm 的蜡棍和适用于制作胸针的直径为 1.1mm 的蜡棍等，如图 1-43 所示。如果需要雕刻戒指，可以购买戒指蜡。戒指蜡的不同型号对应不同的形状，每次使用时可以将其锯切成需要的厚度，如图 1-44 所示。硬蜡中还有很多其他种类的蜡材，如手镯蜡、圆形蜡片等。

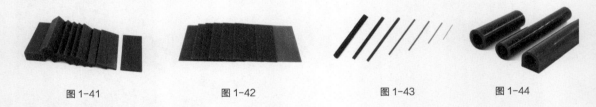

| 图 1-41 | 图 1-42 | 图 1-43 | 图 1-44 |

软蜡的选择相对较少，市面上主要售卖的有软蜡片和软蜡棍两种。软蜡片比较常用的是 0.5mm 厚和 1mm 厚的盒装蜡片。0.5mm 厚的软蜡片如图 1-45 所示，它相对更容易折叠、裁剪成不同的形状。1mm 厚的软蜡片如图 1-46 所示，它除了用于做造型外，也适合用来压制出纹理。软蜡棍有不同的粗细，可以根据需求选择，如图 1-47 所示。若想要如橡皮泥一般的可以轻松塑造形态的手捏蜡，可以通过掌握配方来进行制作。

| 图 1-45 | 图 1-46 | 图 1-47 |

2. 测量工具

雕蜡工艺中的测量工具与金工工艺中的测量工具相同，常用于测量厚度的工具是游标卡尺，如图 1-48 所示；用于测量细节、壁厚的是外卡尺，如图 1-49 所示；常用于测量长度的是钢尺，如图 1-50 所示；用于测量戒指型号的是戒指棒，如图 1-51 所示。

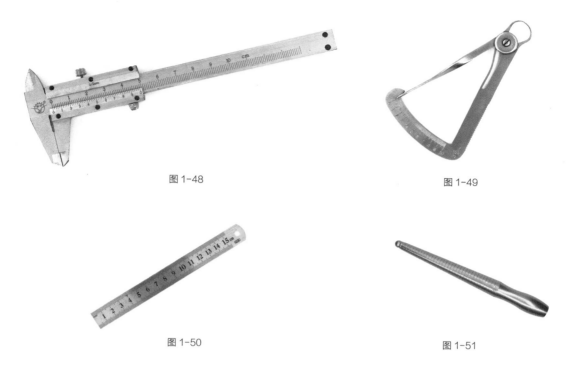

图 1-48

图 1-49

图 1-50

图 1-51

3．切割工具

在正式开始雕蜡前，需要使用蜡锯将硬蜡蜡材切成所需的形状、尺寸。蜡锯由锯条和锯弓组成。锯条分为蜡锯条和金属锯条两种。蜡锯条呈螺旋状，有不同粗细型号，如图 1-52 所示，较粗的蜡锯条适合锯切较厚的蜡块。金属锯条呈薄片状，有不同粗细型号，在切割薄蜡片图案时，需要使用金属锯条。锯弓通过两个金属夹口更换锯条，如图 1-53 所示。

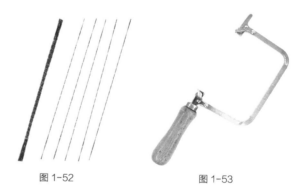

图 1-52

图 1-53

处理软蜡时，使用一把锋利的小剪刀就可以了，如图 1-54 所示。也可以使用锋利的手术刀切割软蜡，如图 1-55 所示，手术刀也常用于硅胶模具的切割。

图 1-54

图 1-55

4．细节雕刻工具

在雕蜡过程中，需要使用雕刻工具进行细节的塑造。想要雕刻精致的蜡件，要使用到不同形状、不同尺寸的工具。雕蜡刀是雕刻细节必不可少的工具，一套雕蜡刀有不同形状的刀头，对应处理不同的细节，如图 1-56 所示。进口的雕蜡刀相对较贵，刀头的形状也有所不同，如图 1-57 所示，可以根据情况自行选择。在雕刻细节时会产生很多细小的蜡屑，可以准备一把软毛的小刷子随时清理蜡屑，如图 1-58 所示。

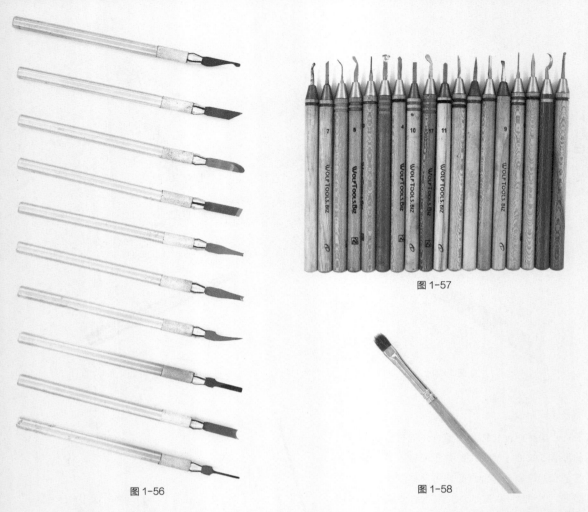

图 1-56

图 1-57

图 1-58

雕蜡机也是雕蜡过程中不可缺少的工具，它可以更省时省力地处理一些造型、制作一些纹理。雕蜡机可以更换不同形状的金属钻头，如图 **1-59** 所示，旋转雕蜡机机身上的旋钮可以调节转速，如图 **1-60** 所示。

图 1-59

图 1-60

雕蜡钻头有不同的形状，如图 **1-61** 所示。球形雕刻针常被用来掏洞、雕刻形状、制作纹理等，其中不同大小的钻头分别应用于雕刻不同形状、不同细节的蜡件，如图 **1-62** 所示。钻头可用于在蜡件上掏洞，有不同的直径可以选择，如图 **1-63** 所示。牙针常用于细节的塑造和纹理的创造，有直牙雕刻针和斜牙雕刻针之分，如图 **1-64** 所示。

雕蜡戒指时，一般会使用内戒尺（戒指蜡扩刀），它能够快速地将比较小的戒指尺寸旋切扩大成合适的尺寸，如图 **1-65** 所示。

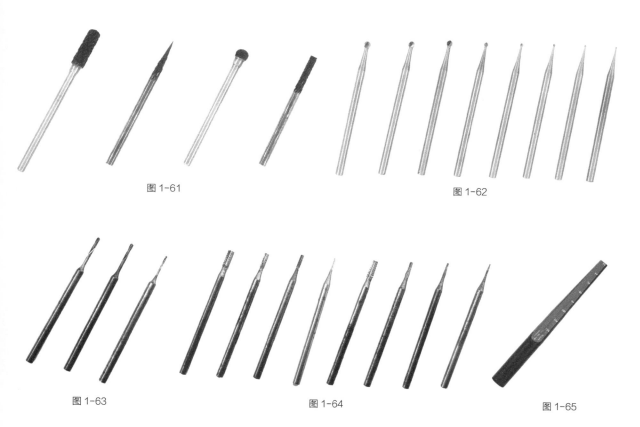

图 1-61　　　　　　　　　　　　　　　　　　　图 1-62

图 1-63　　　　　　　　　图 1-64　　　　　　　　图 1-65

5. 修补工具

　　因为蜡材较脆，操作不当时蜡材容易断裂，所以修补蜡件或使用堆蜡方法时需要使用焊蜡机。安全起见，焊蜡机手柄在不使用时需要放置在手柄架子上，如图 **1-66** 所示。通过焊蜡机机身面板，可以调节焊蜡机的温度，如图 **1-67** 所示。

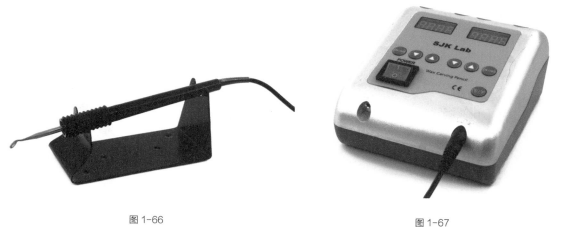

图 1-66　　　　　　　　　　　　　　　　　图 1-67

6. 打磨工具

　　打磨蜡材的常用工具为锉刀和砂纸。锉刀分为金属锉刀和蜡锉刀两种。金属锉刀纹理较细，既适合蜡材的锉修也适合金属材料的锉修。双头蜡锉刀纹理粗糙，适合蜡材和木材的锉修。双头蜡锉刀相对较大，适合大范围的锉修，如图 **1-68** 所示。蜡什锦锉刀纹理较粗，适合快速塑形和纹理塑造，如图 **1-69** 所示。金属什锦锉刀相对小巧，形状较多，适合细节的锉修，如图 **1-70** 所示。

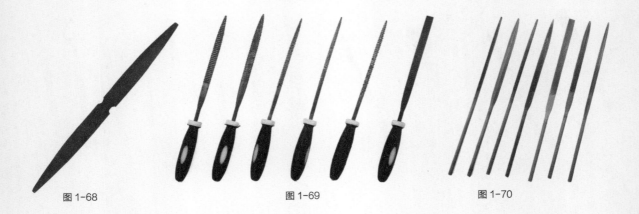

图 1-68　　　　　　　　　　　图 1-69　　　　　　　　图 1-70

　　打磨用的砂纸分为两种：一种是水磨砂纸（320~1200 号为常用型号），如图 1-71 所示；另一种是模型砂纸（320~1500 号为常用型号），如图 1-72 所示。在使用模型砂纸打磨细节时，需要准备一把小巧的镊子，用来夹住砂纸，如图 1-73 所示。

图 1-71　　　　　　　　　　图 1-72　　　　　　　　　图 1-73

7．金属处理工具

　　第 10 章应用到了一些基础的金工工具。例如，用来镶嵌的金属錾子，如图 1-74 所示；用来调整戒指形状的戒指棒，如图 1-75 所示；镶嵌时需要用的戒指镶嵌夹木，如图 1-76 所示；不同敲击力度的两种锤子，如图 1-77 所示。更多的金工工具可以在掌握一定的金工技法后再进行采买。

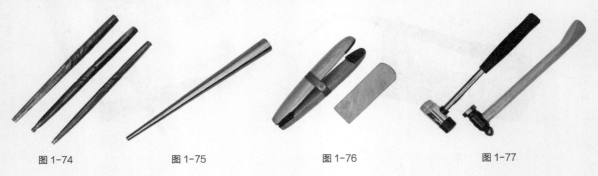

图 1-74　　　　　　　图 1-75　　　　　　　图 1-76　　　　　　　图 1-77

8．其他工具

　　接下来的内容中会提到一些辅助用的工具，如用来固定或粘取的绿泥，如图 1-78 所示。此外，书中还会提到很多辅助性工具，有一些可以被其他工具所替代，或可以根据实际情况进行取舍。

图 1-78

第 2 章

雕蜡工艺
基本技法
CHAPTER 02

雕蜡工艺的基本技法大致分为测量、画线、安装、锯切、切割、裁切、

锉修、雕刻、熔焊、打磨等类别。一件好的作品是经过多种工序共同制

作完成的，不同的工序会让作品呈现出不同的样貌。

蜡材的测量与画线

蜡材的测量与画线是雕蜡技法中最基础的一个环节，精准的测量与画线能够大大提高效率，使人快速进入雕刻的状态。

◆ 蜡材的测量

在正式开始雕蜡前，需要做好准备工作。除了布置合适的工作环境和准备合适的工具外，还需要采购尺寸适宜的蜡材。市面上蜡材的种类很多，可以根据需要和具体的雕刻方案来采购。学习测量蜡材的方法有助于提高雕蜡的效率，蜡材的测量工具一般有以下 4 种。

1. 游标卡尺

游标卡尺一般用来测量物件的外部尺寸和一部分开放物体的内部尺寸（如瓶口类的物件）。游标卡尺的结构如图 2-1 所示。在蜡材准备阶段和雕蜡过程中，需要使用游标卡尺来确认蜡材的厚度及特定形状的尺寸。

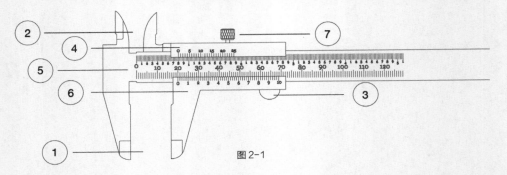

图 2-1

游标卡尺的测量精准度很高，测量时，将卡尺夹口①置于物体外侧。用拇指推动卡扣③，读取窗格⑥中数字 0 对应的窗格⑤中的数值，将其作为小数点前的数值；再读取窗格⑥中与窗格⑤中完全吻合的数值，将其作为小数点后的数值，最终数值需要结合两个读数确定。经测量，读取数值为 20mm，如图 2-2 所示。经测量，读取数值为 8.3mm，如图 2-3 所示。经测量，读取数值为 1.1mm，如图 2-4 所示。同理，测量物体开口处的内径尺寸，则使用夹口②，并以窗格④的数值进行参考。旋钮⑦用来调节卡尺的松紧，可在测量后扭紧以固定卡尺读数。

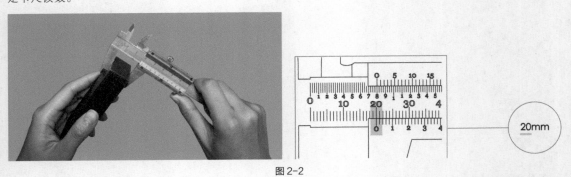

图 2-2

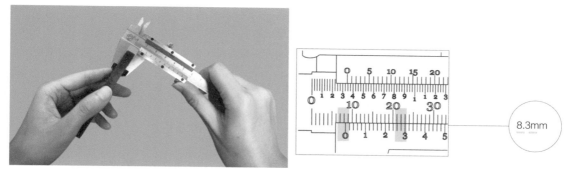

图 2-3

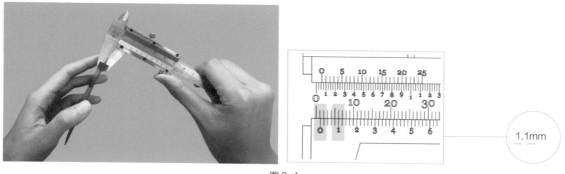

图 2-4

2. 外卡尺

外卡尺一般用来测量物件的壁厚和小件物体的厚度。外卡尺开合夹口处的尺寸比较小，因此在测量物件尺寸时有一定的局限性。但正因为它小巧，外卡尺可以测量到游标卡尺无法深入测量的部位。外卡尺的结构如图 2-5 所示。

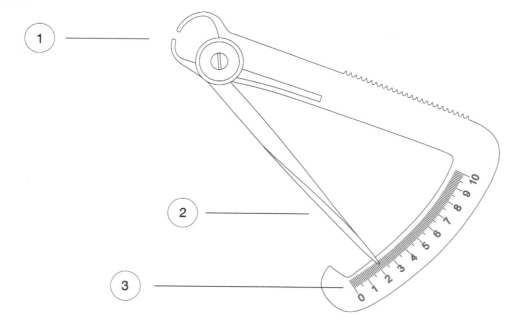

图 2-5

外卡尺一般在雕蜡过程中使用，能够便捷地测量不同形状物件的壁厚（壁厚的测量在雕蜡工艺中是不可忽视的）。测量时，用夹口①夹住需要测量的部位，观察指针②的指向，并读取数值③。经测量，读取数值为 2.2mm，如图 2-6 所示。经测量，读取数值为 0.8mm，如图 2-7 所示。经测量，读取数值为 0.5mm，如图 2-8 所示。

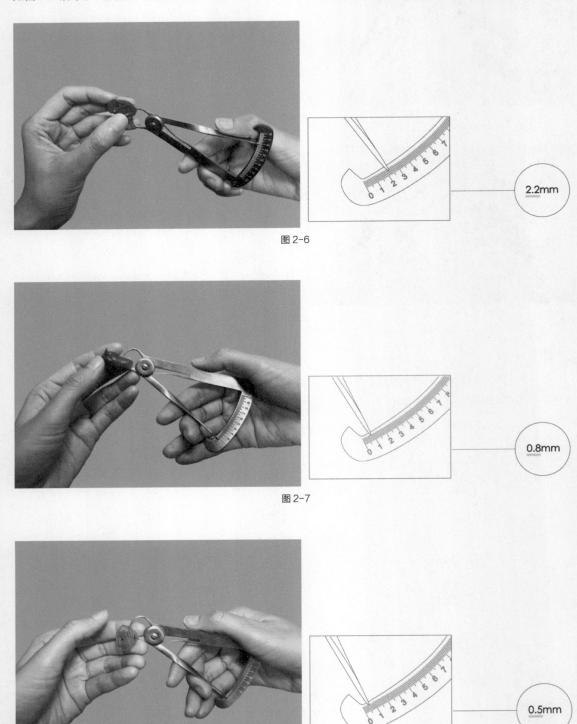

图 2-6

2.2mm

图 2-7

0.8mm

图 2-8

0.5mm

3. 戒指棒

戒指棒上面由小到大有一节一节的戒指码数，一般用来测量戒指的尺寸和所属的码数，戒指棒结构如图2-9所示。

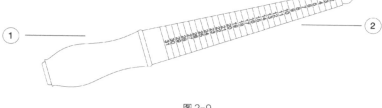

图2-9

使用时，握住区域①，将想要测量的戒指套上戒指棒②，并将戒指滑到无法继续下滑的一节，读取所在位置的戒指码数，就是这枚戒指的码数了。经测量，读取码数为10.5，如图2-10所示。经测量，读取码数为11，如图2-11所示。经测量，读取码数为11.5，如图2-12所示。

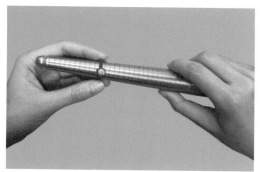

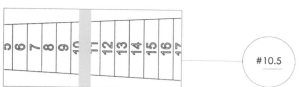

#10.5

图2-10

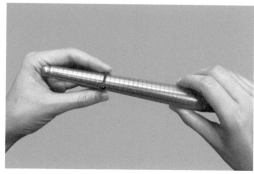

#11

图2-11

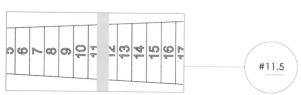

#11.5

图2-12

4. 钢尺

钢尺一般用来测量蜡棍、蜡丝的长度，也常被用来确定使用圆规在蜡件上绘制的圆的半径，钢尺结构如图 2-13 所示。

图 2-13

使用钢尺时，用手固定钢尺，放好蜡棍，读取尺面①上的数值就可以了。经测量，读取长度为 **3.1cm**，如图 2-14 所示。经测量，读取半径为 **1.3cm**，如图 2-15 所示。

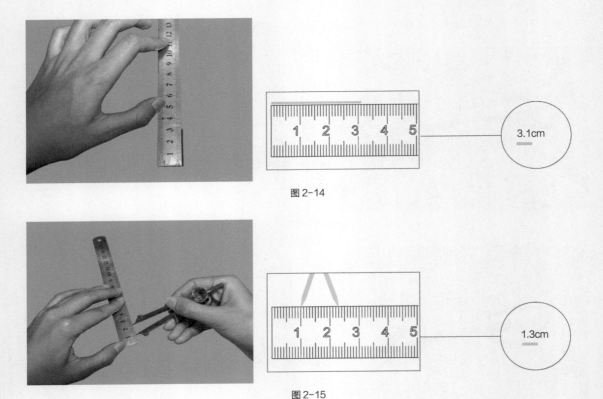

图 2-14

图 2-15

◆ 蜡材的画线

在切割蜡材前一般需要标示出切割线，使用圆规或其他尖锐的工具都可以清晰地在蜡材上画线。切割前的画线一般分为圆规画圆和标示切割线。

1. 圆规画圆

在使用圆规画圆前，需要在钢尺上确认圆的半径，钢尺上有凹陷的刻度槽，便于将圆规针脚卡在上面，如图 2-16 所示。在蜡材上画线不能过于用力，避免蜡材碎裂。使用圆规画圆时，在蜡材上确定好一个针脚的位置和圆的半径，旋转圆规，就可以得到一个清晰的圆形，如图 2-17 所示。如果圆形不清晰或者刻线太浅，可以在相同的位置二次画圆。

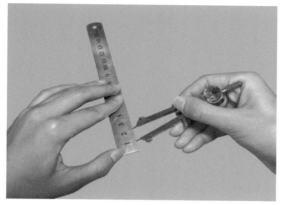

图 2-16

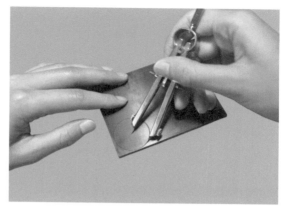

图 2-17

2. 标示切割线

在蜡材上标示切割线是切割蜡材前不可缺少的步骤，清晰准确的线条是良好切割的保障。蜡块和戒指蜡都需要标示一个完整的切割线，如图 2-18 所示。

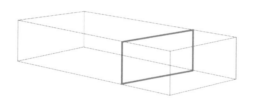

图 2-18

标示蜡块上的切割线需要在蜡块的 4 个平面上刻一条连贯的线。先选取蜡块的一个平面，用圆规的一个针脚抵住一侧底面，另一个针脚平行于底面刻出一条线，如图 2-19 所示。转动蜡块，在下一个平面上刻一条线，如图 2-20 所示。继续转动蜡块，在下一个平面上刻画，如图 2-21 所示。在最后一个平面上刻画，完成标示切割线，如图 2-22 所示。

图 2-19

图 2-20

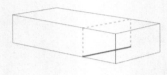

图 2-21

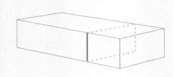

图 2-22

在戒指蜡上标示切割线时，需要用圆规的一个针脚抵住戒指蜡的横截面，如图 **2-23** 所示。配合手的转动，在戒指蜡表面刻出一个连贯的环形，如图 **2-24** 所示。

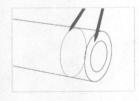

图 2-23

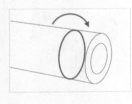

图 2-24

蜡材的切割

蜡材的切割主要起到以下两个作用。

a. 为即将开始的雕蜡工作准备大小合适的蜡材，如宽窄合适的戒指蜡。

b. 精细地切割某些图案、形状，以提高后续雕刻效率。精细的切割是高效雕刻的基础，可以通过练习快速掌握技巧。

◆ 锯条的安装

雕蜡工艺中常用的锯条分为两种：旋转锯齿的锯条和平直锯齿的锯条，如图 2-25 所示。旋转锯齿的锯条能够快速切割有厚度的大块蜡材，因为结构的特性，不会让蜡屑黏住锯条。平直锯齿的锯条常用来切割精细的图案，因为锯齿平直且薄，可以很精准地处理图案或形状。两种锯条常用在不同的环节，是比较基础的工具。

常见的锯弓由金属夹口、弓形结构、手柄 3 个部分组成，如图 2-26 所示。安装锯条时，先扭松锯弓上的金属夹口①、②，将需要的锯条从金属夹口①放入并扭紧，再将锯条的另一端放入金属夹口②，绷紧锯条并扭紧。安装锯条时，注意保证锯条是竖直的且锯齿朝下，如图 2-27 所示。

图 2-25

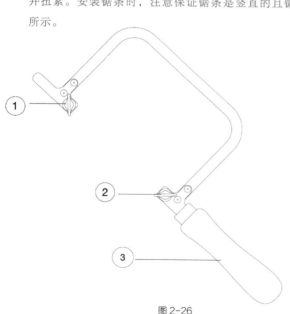

图 2-26

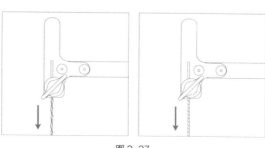

图 2-27

◆ 蜡块、戒指蜡的锯切

1. 蜡块的锯切

在蜡块上标示好切割线之后，使用手锯进行蜡块的锯切。一只手握住锯弓上的手柄，另一只手固定蜡块。保持蜡块与锯条之间成 90 度角，沿着蜡块的切割线，从 4 个方向逐步向内进行锯切。注意不能从一面的切割线直接切到对面，这样很容易产生偏差。先分别沿着 4 个面上的切割线向中心切出一个连贯的、浅浅的槽，如图 2-28 所示。再沿着刚刚锯切出的浅槽继续向中心锯切，如图 2-29 所示。循序渐进地从 4 个面同时向中心锯切，如图 2-30 所示。最终完成锯切，如图 2-31 所示。

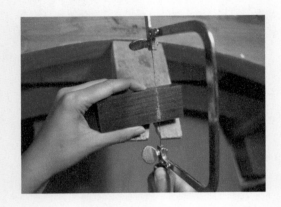
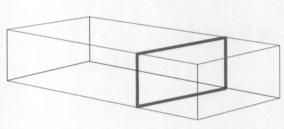

图 2-28

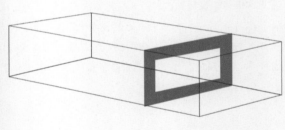

图 2-29

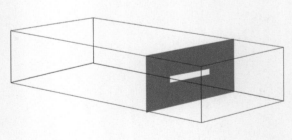

图 2-30

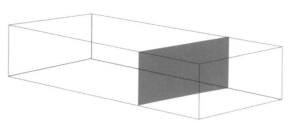

图 2-31

2．戒指蜡的锯切

沿着戒指蜡的切割线，旋转着逐步向内锯切。和锯切蜡块一样，为了避免产生尺寸的偏差，尽量柔和缓慢地转动戒指蜡，在戒指蜡的表面锯切出一个连贯的环形的浅槽，如图 2-32 所示。继续转动戒指蜡，沿着浅槽向中心锯切，如图 2-33 所示。转动戒指蜡，一圈一圈地向中心锯切，如图 2-34 所示。最终完成锯切，如图 2-35 所示。

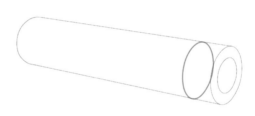

图 2-32

图 2-33

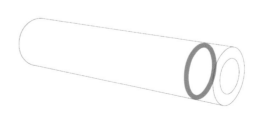

图 2-34

图 2-35

◆ 蜡棍的切割

蜡棍是常用蜡材的一种，可以根据需求对蜡棍进行切割。切割蜡棍可以使用锋利的雕蜡刀或者手术刀。先利用钢尺确认需要的长度，并在蜡棍上轻轻地画线，如图 **2-36** 所示。接下来移开钢尺，在蜡棍上稍微用力向下进行切割，如图 **2-37** 所示。

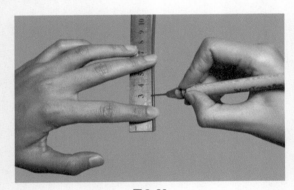
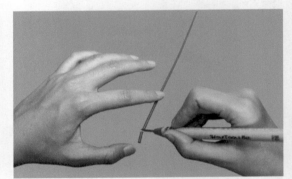

图 2-36   图 2-37

◆ 软蜡片的裁切

软蜡片软且薄，熔点相对较低，为了防止在操作过程中粘黏工具，可以在裁切前用爽身粉在软蜡片上薄薄地涂一层，如图 **2-38** 所示。涂好后，可以使用精细的雕蜡刀或手术刀进行裁切，裁切时可以用钢尺辅助，如图 **2-39** 所示；也可以用锋利的小剪刀直接剪裁，如图 **2-40** 所示。

图 2-38   图 2-39   图 2-40

蜡材的锉修

　　蜡材的锉修是雕蜡过程中不可缺少的环节，使用不同型号的锉刀锉修，可以快速修整蜡件的表面，使蜡件的表面光滑平整，还可以制造出特殊的纹理质感。锉刀有 3 种常用的型号——相对较大的双头蜡锉刀、小巧精细的什锦锉刀、纹理粗糙的蜡锉刀，它们可以分别用于锉修大面积蜡件、精细锉修蜡件细节、快速锉修蜡件形态。

◆ 双头蜡锉刀的使用

　　双头蜡锉刀的尺寸较大，有一个用来锉修弧面的圆弧形状锉面①和一个用来锉修平面的平直形状锉面②，如图 2-41 所示。两个锉面分别对应 4 种粗细程度不同的纹理——圆弧细纹理③、圆弧粗纹理④、平直细纹理⑤、平直粗纹理⑥，如图 2-42 所示。

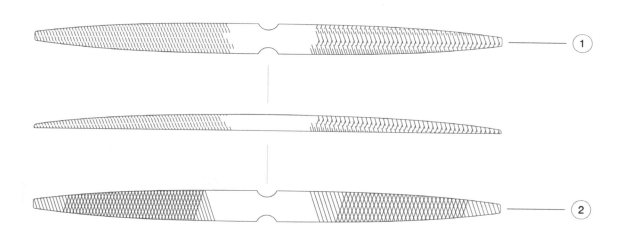

图 2-41

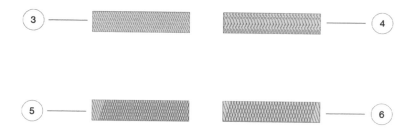

图 2-42

双头蜡锉刀适合锉修相对较大的蜡件。以锉修戒指蜡截面为例，使用时需注意以下 3 点。

a. 准备锉修时用左手将蜡件固定在平整稳定的台面上，右手握住锉刀，将双头蜡锉刀的平直形状锉面放在需要锉修的戒指蜡截面上，用右手食指向下轻压锉刀弧面，用拇指和其他手指固定锉刀的两端，如图 2-43 所示。

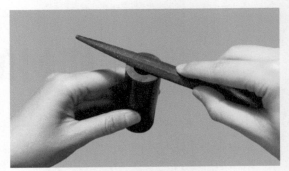

图 2-43

b. 锉修不平整的戒指蜡截面时，将平直粗纹理的一面放置在贯穿圆心的直径线上，握住锉刀向右手食指所指的方向平直锉出，如图 2-44 所示。平直锉出以后，顺时针旋转戒指蜡 15 度左右，如图 2-45 所示，继续向右手食指所指的方向平直锉出。重复转动戒指蜡，重复平直锉出的步骤，当戒指蜡截面稍平滑一些时，将锉刀更换为平直细纹理的一面，重复转动及锉出的步骤，直到截面逐渐变得光滑平整，如图 2-46 所示。

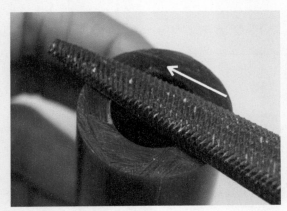

图 2-44

图 2-45

图 2-46

c. 当想要锉修的平面比较粗糙时，需要先用粗纹理锉面锉修蜡件，再用细纹理锉面锉修蜡件；相对不太粗糙的平面则可以直接使用细纹理锉面进行锉修。锉修结束后，再根据需要使用砂纸等工具进行打磨。

◆ 什锦锉刀的使用

什锦锉刀是包括 10 种锉刀刀形在内的金属锉刀套装，尺寸较小。常见的锉刀刀形有平板形①、等边三角形②、方形③、圆形④、椭圆形⑤、刀形⑥、尖头平锉⑦、半圆形⑧、扁圆形⑨、扁状三角形⑩，如图 2-47 所示。

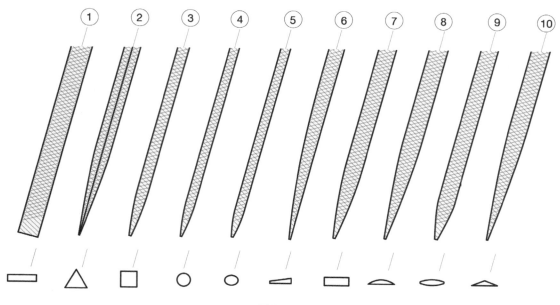

图2-47

什锦锉刀适合锉修相对较小的蜡件，适合精细地锉修蜡件，可以快速塑形、修整表面，使用时需注意以下 4 点。

a. 准备锉修时需要用一只手固定蜡件，另一只手轻握锉刀，如图 2-48 所示。因为蜡件相对较脆，所以固定蜡件时切忌用力过猛，蜡件有一定的弹性，轻握固定即可。

图2-48

图2-49

图2-50

b. 与双头蜡锉刀使用方法相似，平板形锉刀向锉刀刀头方向平直锉出，如图 2-49 所示。圆形锉刀需要顺着圆弧形滑向斜前方，如图 2-50 所示。

c. 不同刀形的什锦锉刀适用于处理不同造型的细节。以锉修一朵平面镂空小花为例，各处细节所对应的锉刀刀形如图 2-51 所示。其余刀形锉刀的使用如图 2-52 所示。

d. 什锦锉刀一般应用于比较细微处的锉修，使用时不可过于用力，否则会破坏蜡件的形状。

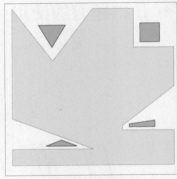

图 2-51   图 2-52

◆ 蜡锉刀的使用

蜡锉刀与什锦锉刀刀形一样，但蜡锉刀纹理②相对什锦锉刀纹理①更加粗糙，适合快速锉修和制作粗糙的纹理，如图 2-53 所示。

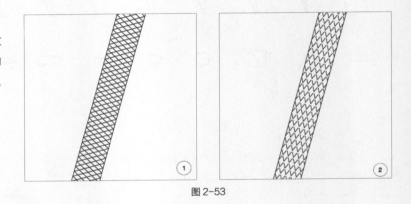

图 2-53

蜡锉刀通常被用来快速锉修出一个大致的形状，如图 2-54 所示。用蜡锉刀锉修后，蜡件表面会呈现独特的纹理，如图 2-55 所示。

图 2-54   图 2-55

蜡材的雕刻

　　用来雕刻蜡材的工具主要有两类，一类是方便处理各种形状细节的锋利的雕蜡刀，另一类是可以快速精准进行雕刻的雕蜡机。

◆ 雕蜡刀

1. 雕蜡刀的刀形

　　雕蜡刀一般用于精细雕刻，可以精准快速地削切出想要的形状。常见的雕蜡刀套装里会涵盖 10 种刀形，按照主要功能可以分为 5 类：挖洞掏弧面刀形①、②，刮角刀形③、④，细节深入刀形⑤、⑥，圆角刀形⑦、⑧、⑨，刮削弧面刀形⑩，如图 2-56 所示。刀头有大小之分，不同大小的刀头适合不同程度的细节深入。

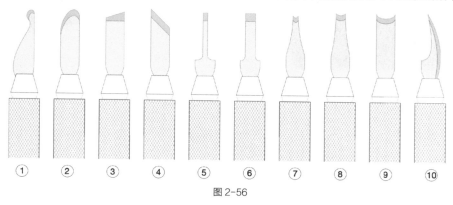

图 2-56

2. 雕蜡刀的使用

　　使用雕蜡刀时，用一只手固定蜡件，用另一只手握住刀手柄前端的纹理结构处，顺着蜡件结构轻柔滑动。注意不可使用蛮力，以防破坏蜡件。根据蜡件的结构和想要达成的效果，使用掏的方法塑造凹陷形状①、②，使用刮的方法塑造平整的边角和平滑的弧面③、④、⑦、⑧、⑨、⑩，使用削的方法塑造精确细致的角落⑤、⑥，用力方向如图 2-57 所示。在用力得当的情况下，刮削后的蜡件表面会比较光滑平整，后续使用模型砂纸稍做打磨即可。

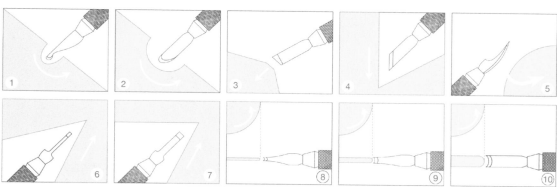

图 2-57

◆ 雕蜡机

雕蜡机是必不可少的可以快速打磨、雕刻细节的小型台式机。通过调节面板上的速度旋钮，雕蜡机可以对金属、木头、蜡件等不同硬度的物体进行打磨和雕刻。

1. 雕蜡机的使用

使用雕蜡机时，先要将手柄接线插入插口①，安插好后按下开关键②，此时电源灯③会变亮。向 R 的方向扭动手柄⑤，此时手柄夹口⑥会是打开的状态，插入需要使用的钻头后，向 S 的方向扭动手柄⑤，此时手柄夹口⑥是关闭夹紧的状态。确定关紧手柄夹口⑥后，旋转雕蜡机面板上的旋钮④，调整雕蜡机到合适的转速，就可以进行雕蜡了。雕刻蜡材为硬蜡时，一般将转速旋钮旋转到第 2 个挡位即可。雕蜡机面板的主要功能键如图2-58 所示，手柄的主要结构如图 2-59 所示。

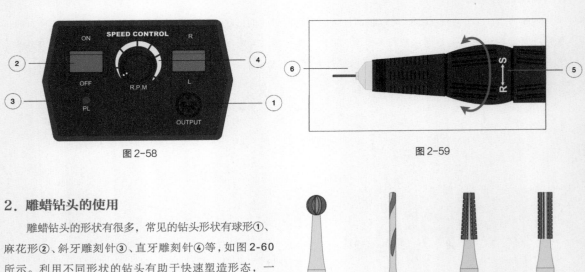

图 2-58   图 2-59

2. 雕蜡钻头的使用

雕蜡钻头的形状有很多，常见的钻头形状有球形①、麻花形②、斜牙雕刻针③、直牙雕刻针④等，如图 2-60 所示。利用不同形状的钻头有助于快速塑造形态，一般雕刻一个立体造型的蜡件，需要综合运用这些不同形状的钻头，具体操作会在第 5 章演示。

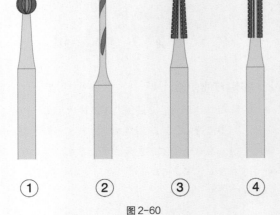

图 2-60

3. 表面纹理的雕刻

雕蜡机除了塑造各种造型以外，还可以塑造非常丰富的纹理。可以尝试推动钻头、滚动钻头、向一个方向划拉钻头等手法，如图 2-61 所示。不同的手法、力度可以制作出各式各样的、大小细节不同的纹理，如图 2-62所示。

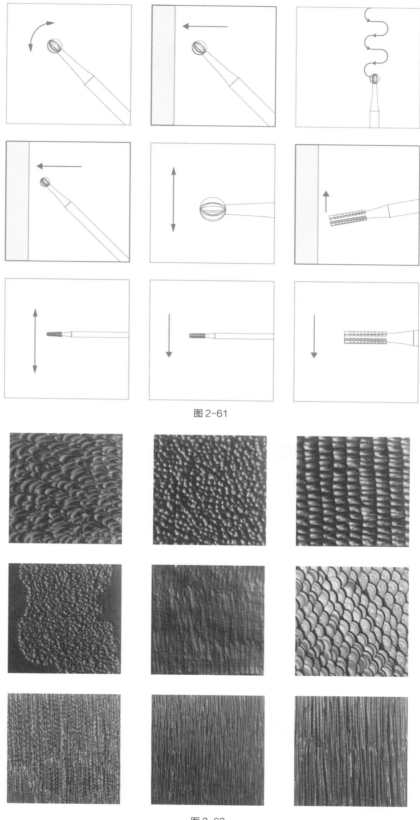

图 2-61

图 2-62

蜡材的熔焊

在雕蜡过程中，蜡材有时会产生裂缝和缺口，此时需要使用焊蜡机进行补救。蜡材的熔点较低，焊蜡机可以十分轻松快捷地进行操作，是雕蜡过程中不可缺少的工具之一。

1. 焊蜡机的使用

以双头焊蜡机为例，使用焊蜡机时，先将焊蜡机手柄插头插入插口①或右侧的另一个插口中，为手柄插上金属头⑥，将焊蜡机放置在手柄架子⑦上，按下焊蜡机面板上的电源键②，此时温控显示窗口④会出现"OFF"字样；按压所接插口对应的开关键③，调整温度，按住上调键⑤，直到达到所需的温度，等待1分钟左右，就可以进行焊蜡了。熔焊硬蜡时，将温度调整为200℃；熔焊软蜡时，将温度适当调整至90℃至150℃。焊蜡机面板的主要功能键如图2-63所示，手柄的主要结构如图2-64所示。

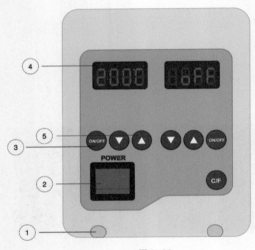

图2-63

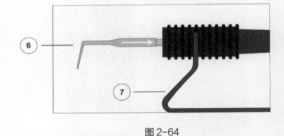

图2-64

2. 金属头的清理

在修补蜡材前，需要清理金属头上凝固残留的蜡和杂质。这些残留物会影响蜡材的品质，有时会影响后期的金属铸造，且清理残留物有利于更高效地进行修补。清理时，使用一把废弃的雕蜡刀或其他锋利的金属刮掉金属头上的残留物，如图2-65所示。打开焊蜡机并升温，在一块干净的蜡块上刮金属头，如图2-66所示，金属头的清理工作就完成了。

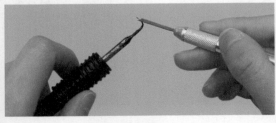

图2-65

图2-66

3. 蜡件的修补

　　雕蜡过程中的用力不当或碰撞，容易使蜡件产生裂缝或缺口，如图 2-67 所示。焊蜡机升温后，可以开始修补断裂的蜡件。在干净的蜡块上刮取适量的蜡，如图 2-68 所示。将蜡滴融入缺口，确保蜡滴和缺口周边的蜡熔焊到一起，如图 2-69 所示。一面熔焊好后，把蜡件翻到另一面，再将蜡滴融入缺口，确保缺口被蜡滴补满并与周边的蜡相融合，如图 2-70 所示。翻转蜡件，继续修补蜡件，如图 2-71 所示。确保蜡件缺口处的各个边缘都被补好并微微凸起，效果如图 2-72 所示。补蜡环节就结束了。接下来使用什锦锉刀中的平板锉刀，将蜡件表面的凸起锉修平整，如图 2-73 所示。再用什锦锉刀中的半圆形锉刀将蜡件内部的弧面锉修平整，如图 2-74 所示。锉修后的蜡件可以使用砂纸进行二次打磨，补好的缺口会变得光滑平整，最终效果如图 2-75 所示。

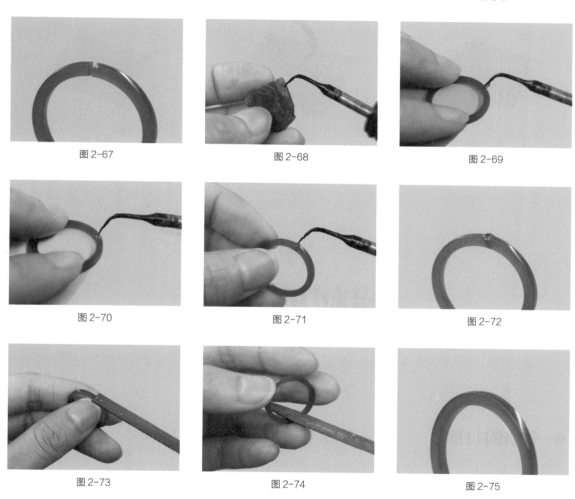

图 2-67　　　　　　　　　　图 2-68　　　　　　　　　　图 2-69

图 2-70　　　　　　　　　　图 2-71　　　　　　　　　　图 2-72

图 2-73　　　　　　　　　　图 2-74　　　　　　　　　　图 2-75

4. 滴珠练习

　　焊蜡机除了用来修补蜡件外，还可以通过堆蜡来塑造基本形态。想要轻松地应用堆蜡的方法进行创作，可以从滴珠练习开始。准备一块蜡片，如图 2-76 所示。刮取适量的蜡珠点在蜡片上，注意金属头不要马上移开，如图 2-77 所示。提起金属头，保证金属尖头在蜡珠里，轻微晃动金属尖头，将其移到蜡珠顶端，如图 2-78 所示。抬起金属头，蜡片上会出现一颗圆润的蜡球，如图 2-79 所示。如果想要加大蜡球体积，重复以上步骤，将新挖取的蜡融入蜡球。金属头在蜡球里轻微晃动，保证新的蜡完全与之融合，如图 2-80 所示。提起金属头，得到一颗圆润的大号蜡球，如图 2-81 所示。通过滴珠练习，可以更好地提升对焊蜡机的控制能力。

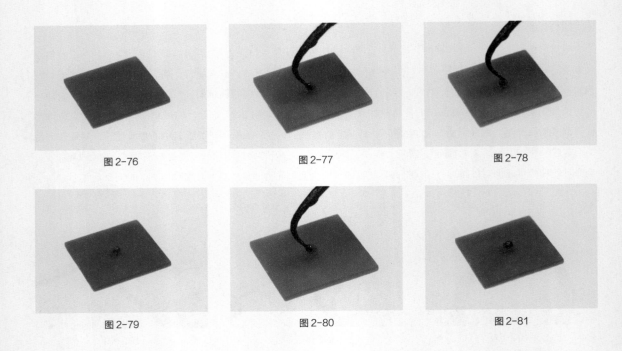

图 2-76
图 2-77
图 2-78

图 2-79
图 2-80
图 2-81

蜡材的打磨

锉修是雕蜡过程中相对基础的步骤，锉修后的蜡件表面会有不同程度的划痕，需要使用砂纸继续进行打磨。

◆ 平面的打磨

a. 使用蜡锯锯下的蜡件表面会有比较粗糙的锯痕，如图 2-82 所示。可以使用合适型号的锉刀进行锉修，如图 2-83 所示，图中使用的是双头蜡锉刀。锉修后蜡件的表面会有密集的锉刀痕迹，如图 2-84 所示。

图 2-82

图 2-83

图 2-84

b. 平面蜡件后续的打磨需要使用水磨砂纸。在水磨砂纸上加适量的水，以打圈的方式对蜡件进行打磨，注意施力均匀，如图 2-85 所示。使用的水磨砂纸型号应当从粗糙到细致，循序渐进地进行打磨。这个案例中先后使用了 280 号砂纸、400 号砂纸、600 号砂纸、1200 号砂纸，逐次打磨后的蜡件表面效果如图 2-86 所示。使用水磨砂纸打磨后的蜡件表面变得光滑平整，如图 2-87 所示。

图 2-85

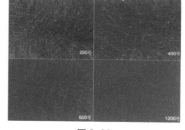

图 2-86

图 2-87

c. 使用水磨砂纸打磨后的蜡件可以使用无纺布抛光，在蜡件表面用蹭揉的方式进行抛光，如图 2-88 所示。如果没有无纺布，可以用一次性口罩替代。抛光后的蜡件表面非常光滑，如图 2-89 所示。这样的蜡件有利于后续的铸造、金属处理。

图 2-88

图 2-89

◆ 曲面的打磨

a. 使用锉刀锉修后，蜡件表面会有细小的棱面和纹理，如图 2-90 所示，此时需要使用模型砂纸进行打磨。模型砂纸比较柔软，可以很好地贴合蜡件表面，不会在打磨过程中刮伤蜡件。将模型砂纸剪成合适的大小（绿色砂纸 1200~1500 号、蓝色砂纸 800~1000 号、红色砂纸 500~600 号），如图 2-91 所示。按照由粗到细的顺序使用模型砂纸，顺着蜡件表面的弧度打圈打磨，如图 2-92 所示。

图 2-90

图 2-91

图 2-92

b.使用红色砂纸（500~600号）打磨后的蜡件表面效果如图2-93所示。使用蓝色砂纸（800~1000号）打磨后的蜡件表面效果如图2-94所示。使用绿色砂纸（1200~1500号）打磨后的蜡件表面效果如图2-95所示。

图2-93

图2-94

图2-95

c.使用无纺布抛光，如图2-96所示。抛光后的曲面会非常平整且有光泽，如图2-97所示。

图2-96

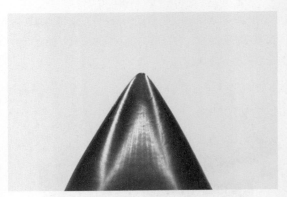
图2-97

d.当打磨比较细小的地方时，可以将模型砂纸剪得更小，使用镊子夹住模型砂纸进行打磨，如图2-98所示，这个方法同样适用于打磨曲面和平面。

图2-98

第3章

戒指雕蜡
方法

CHAPTER 03

本章会从制作简单的戒指入手，综合运用雕蜡的几个基本技法，快速完
成素圈戒指、异形戒指、纹理戒指的制作。

素圈戒指的雕蜡方法

◆ 平滑素圈戒指的雕蜡方法

素圈戒指的雕蜡方法比较基础，只要操作规范，就可以很轻松快速地完成制作。这里介绍 3 个基础形状的素圈戒指，为讲解复杂的雕蜡案例打好基础。

STEP 01

图3-1

图3-2

图3-3

市面上的戒指蜡有不同的形状及直径。选取一个合适型号的戒指蜡，在戒指蜡的一端用圆规画好想要的戒指宽度，如图3-1所示。使用蜡锯沿着圆规画出的标示线锯切，如图3-2所示。用水磨砂纸画圈打磨戒指蜡，如图3-3所示。使用水磨砂纸打磨时，注意遵循由粗到细的使用顺序（具体效果可以参照第2章"蜡材的打磨"一节的效果参考图）。

STEP 02

市面上戒指蜡的可选直径较为固定，一般需要二次调整内径尺寸，常用的调整方法是使用内戒尺（戒指蜡扩刀）进行调整。将锯切下来的戒指套在戒指棒上，测量戒指型号，本案例使用的戒指型号为10号，如图3-4所示。若尺寸合适，可以继续下一步，若尺寸不合适，则在这一步将戒指进行扩大。这里以将戒指型号调整到11.5号为例进行演示。

图3-4

STEP 03

图3-5

图3-6

图3-7

将戒指蜡套在内戒尺上，以逆时针方向进行旋转刮削，如图3-5所示。刮削时注意控制力度，多练习几次，使力量输出得均匀顺滑。刮削几圈后，取下戒指蜡并将戒指蜡进行翻转，再套回内戒尺上，如图3-6所示。继续旋转刮削，如图3-7所示。这样能够保证刮削后的戒指内壁是竖直且平滑的。

STEP 04

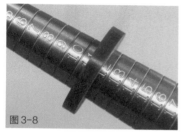
图3-8

注意在刮削过程中随时检查戒指型号是否已经合适，如图3-8所示。

STEP 05

图3-9

图3-10

使用内戒尺刮削后的内壁一般是没有明显痕迹的，只需要使用精细型号的模型砂纸进行简单打磨。将绿色型号的模型砂纸（1200号）剪切成小块，如图3-9所示。按压受力时，模型砂纸柔软的特性能使其更好地贴合戒指内壁；轻轻地旋转打磨内壁，如图3-10所示。完成戒指型号的调整。

STEP 06

图3-11

在打磨好的蜡片上保留需要的戒指厚度，在蜡片正反两面画出锯切的标示线。画线时，需要将圆规的一个针脚抵在戒指壁上，使其和画线的针脚一起轻轻滑动，如图3-11所示。

STEP 07

使用蜡锯沿着标示线外侧锯切。注意使锯条和蜡片保持垂直，如图3-12所示。锯下的蜡片会有粗糙的锯痕，但是依然可以看到清晰的标示线，如图3-13所示。如果担心锯到标示线以内，可以在画线的时候画两条标示线，沿外圈标示线锯下，保留内圈标示线。

图3-12

图3-13

STEP 08

使用小号平板形锉刀对戒指进行锉修，用向前推动的力锉修到标示线处，如图3-14所示。锉修戒指时注意用力均匀，保证戒指正反面是平滑完整的，效果如图3-15所示。

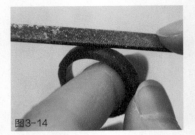

图3-14

图3-15

STEP 09

应用打磨的技法，从粗到细地使用模型砂纸，如图3-16所示。充分打磨好的戒指应当是光滑且棱角分明的，如图3-17所示。

图3-16

图3-17

STEP 10

打磨好的戒指可以使用无纺布进一步抛光，如图3-18所示。抛光完成的戒指光洁细腻，有利于顺利完成铸造，如图3-19所示。

图3-18

图3-19

◆ 切角素圈戒指的雕蜡方法

STEP 01

图3-20

图3-21

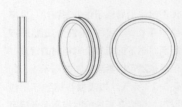

制作切角素圈戒指可以很好地练习画线和精准锉修。在制作完成的平滑素圈戒指上用圆规画出切角的标示线，如图3-20所示。切角的标示线一共有4条，戒指的正反面分别有1条，戒壁上有对称的2条，如图3-21所示。

STEP 02

使用小号的平板形锉刀在棱角的2条标示线之间进行锉修，如图3-22所示。锉修时需要十分仔细，先锉修一侧的切角，如图3-23所示，再锉另一侧的切角。锉修好的戒指截面是平整且对称的，如图3-24所示。

图3-22

图3-23

图3-24

STEP 03

图3-25

图3-26

图3-27

打磨这种类型的小切角不能使用模型砂纸，因为模型砂纸太软，容易破坏细小的棱角。打磨时需要将水磨砂纸剪成小块，贴在平整的物体表面，如图3-25所示。贴好后，可以用向前推的力仔细打磨切角平面，如图3-26所示。打磨好的切面应当平滑且棱角分明，如图3-27所示。

◆ 弧面素圈戒指的雕蜡方法

STEP 01

图3-28

图3-29

在制作完成的切角素圈戒指上，使用刮削弧面刀形的雕蜡刀进行刮削，将切角素圈戒指的4条棱角线逐一刮削圆滑，如图3-28所示。刮削后的戒指依然会有几处细微的棱面，如图3-29所示。

STEP 02

图3-30

图3-31

使用模型砂纸，按由粗到细的顺序画圈打磨戒指，如图3-30所示。充分打磨后的戒指应当圆润光滑，如图3-31所示。

◆ 常见的戒指形状及型号表

根据戒指表面的基本雕刻原理，戒指可以衍生出多种形状的变化，如图3-32所示。

图3-32

常见的戒指型号表如图3-33所示。

戒指型号	周长（mm）	直径（mm）	备注
4	44	14.0	
5	45	14.3	
6	46	14.6	
7	47	15.0	
8	48	15.3	
9	49	15.6	
10	50	15.9	
11	51	16.2	
12	52	16.6	女生常戴尺寸
13	53	16.9	
14	54	17.2	
15	55	17.5	
16	56	17.8	
17	57	18.1	
18	58	18.5	
19	59	18.8	
20	60	19.1	男生常戴尺寸
21	61	19.4	
22	62	19.7	

图3-33

异形戒指的画线方法

在掌握素圈戒指的雕蜡方法后，可以通过异形戒指的画线练习进一步掌握雕蜡过程中的规范画线方法。

◆ 辅助线的画法

异形戒指的辅助线有 3 种类型，掌握以下 3 种画线方法后，就可以将其应用在相对复杂的雕蜡过程中。

STEP 01 外沿画线

外沿画线操作起来比较简单，即使用圆规沿着选取的蜡片外沿画线，如图3-34所示。画线时注意力度的控制，过于用力会在蜡片表面刻出过深的痕迹。可以练习沿着蜡片的边缘画线，这常被应用于确认戒圈壁厚①、确认戒指台面高度②、确认图案线条左右对称③。画线时，应控制力度并保持两个针脚平行，如图3-35所示。

图3-34

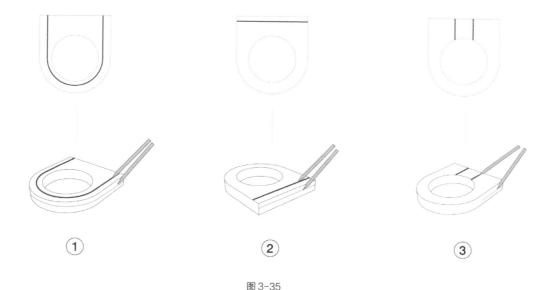

① ② ③

图3-35

STEP 02　内沿画线

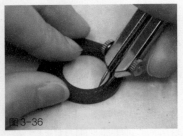

图3-36

图3-37

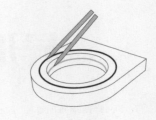

绘制戒指内圈厚度辅助线时，有时无法沿着外圈形状画线，这时就需要使用内沿画线的方法，如图3-36所示。内沿画线时，将一个针脚轻轻抵住戒指内壁，并与画线针脚保持平行，如图3-37所示。内沿画线时，一定要注意力度的控制，不要破坏戒圈内壁。

STEP 03　绘制切线

为异形戒指绘制切线时，需要使用直尺。直尺最好是透明的，方便看清蜡片上的线条。画线工具可以使用圆规或其他尖锐的工具，如图3-38所示。绘制切线时往往需要其他辅助线，并综合应用前两种画线方法，如图3-39所示。

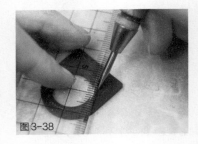

图3-38

图3-39

◆ 异形戒指的画线

相对规则的异形戒指需要使用规范的画线方法，这里以 3 种不同形状的戒指为例展示画线过程。

STEP 01　收口台面戒指

制作这种类型的台面戒指，一般会选取平台型戒指蜡①，选取后锯切需要的戒指厚度并打磨。使用内沿画线的方法在蜡片正反两面确认戒指的壁厚②。使用外沿画线的方法在蜡片正反两面分别绘制两条用于确认台面顶端宽度的线③、④。用外沿画线的方法在蜡片正反两面确认台面顶端的高度⑤。应用绘制切线的方法确认左右两条切线的位置⑥、⑦，并在蜡片的反面也绘制同样的两条切线。辅助线全部绘制完后，可以清晰地看到收口台面戒指的轮廓线⑧。沿着轮廓线锯切并打磨，完成收口台面戒指的制作⑨。绘制辅助线时，一定要在蜡片的正反两面规范画线，并确认每一步的尺寸、细节，上述制作流程如图3-40所示。

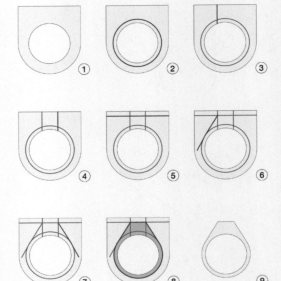

图3-40

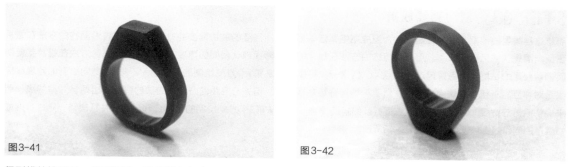

图3-41   图3-42

得到蜡件雏形后，使用锉刀、砂纸进行打磨，让蜡件表面变得光滑平整，如图3-41所示。经过规范操作后的戒指应当是规整、对称的，如图3-42所示。

STEP 02　上宽下窄渐变戒指

制作这种类型的渐变戒指，一般会选取平台型戒指蜡①。选取大小合适的平整蜡块放在戒指蜡中间，并用焊蜡机固定②。放置蜡块的目的是找到中心点以绘制另一个圆形，因此不要求蜡块的形状，但最好和戒指蜡的厚度一致。使用直尺在蜡片正反两面分别绘制出中线③。用外沿画线的方法在蜡片正反两面的中线上画线④，用这条线确认第2个圆形的中心点。以两条线的交点为中心点在蜡片的正反两面绘制第2个圆形⑤。到这一步可以得到一个上宽下窄的渐变戒指轮廓线⑥。如果想要继续制作开口戒指，可以用外沿画线的方法在蜡片正反两面分别画两条对称的线⑦。辅助线全部绘制完后，可以清晰地看到上宽下窄的开口戒指轮廓线⑧，沿着轮廓线锯切并打磨⑨，从而完成开口戒指的制作，上述制作流程如图3-43所示。

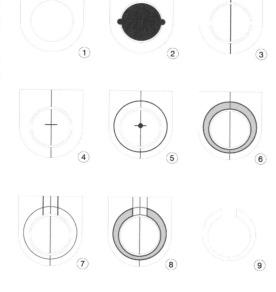

图3-43

图3-44

图3-45

得到蜡件雏形后，使用锉刀、砂纸进行打磨，让蜡件表面变得光滑平整。经过规范操作后的戒指应当是规整、对称的。通过以上步骤，可以得到一个上宽下窄的渐变戒指，如图3-44所示；也可以得到上宽下窄的开口戒指，如图3-45所示。这样的开口戒指可以应用于宝石的张力镶嵌，具体内容参见第4章。

STEP 03　双向画线戒指

制作这种类型的戒指，一般会选取平台型戒指蜡，选取后锯切所需的戒指厚度并打磨①。使用内沿画线的方法在蜡片正反两面确认戒指的壁厚②。用外沿画线的方法在蜡片的正反两面确认台面的厚度③。用外沿画线的方法在蜡片正反两面确认台面的宽度④。用直尺连接交点⑤。到这一步可以得到从第1个方向绘制的轮廓线⑥。第1个方向绘制的轮廓线应当是对称且居于整个蜡块中央的⑦，沿着轮廓线锯切并打磨⑧。用外沿画线的方法在蜡块的侧面画出两条对称的线，用来确认戒指的宽度⑨。连接台面到戒指宽度的辅助线⑩，得到从第2个方向绘制的轮廓线⑪，锯切并打磨⑫，完成异形戒指雏形的制作。上述制作流程如图3-46所示。

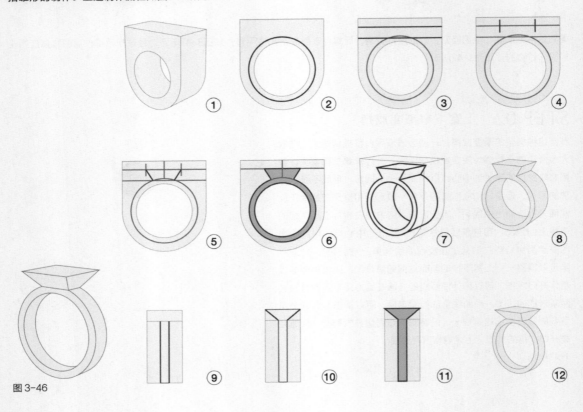

图3-46

得到蜡件雏形后，继续使用锉刀、砂纸进行打磨，让蜡件表面变得光滑平整、经过规范操作后的戒指应当是规整、对称的，如图3-47所示。带有台面的异形戒指通常用来制作图章戒指，也可以根据自己的想法镶嵌宝石。

图3-47

◆ 常见的异形戒指形状

根据异形戒指的基本雕刻原理，异形戒指可以衍生出多种形状，如图 3-48 所示。

图 3-48

纹理戒指的雕蜡方法

纹理戒指是指在戒指雏形基础上进行不同纹理的表现。蜡材的可塑空间比较大，使用不同的工具可以轻松制作出不同的纹理。在正式开始制作前，可以在废弃的蜡材上或蜡片边角处多做些尝试。

◆ 锤纹纹理戒指的雕蜡方法

锤纹又称锤目纹，是比较经典的一种艺术纹理，常见于金属器具和其他工艺品上。

STEP 01

准备蜡件雏形，将其打磨到平整光洁的状态，如图3-49所示。

图3-49

STEP 02

为雕蜡机安装大小适中的球形雕蜡针，在戒指外壁上向下钻出浅坑，如图3-50所示。应钻出紧密且随机排列的浅坑，避免浅坑过于规整，如图3-51所示。使浅坑最终呈现出自己满意的分布状态，如图3-52所示。球形雕蜡针的大小决定了圆形浅坑的尺寸和深度，使用不同大小的球形雕蜡钻头可以钻出不同大小层次的圆形浅坑，如图3-53所示。

图3-50

图3-51

图3-52

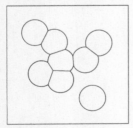
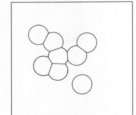

图3-53

STEP 03

图 3-54

戒指外壁的锤纹排布好后，在戒指的顶面和底面分别钻出圆形浅坑，如图3-54所示。注意控制力度，不要过度破坏转折处的形状，锤纹纹理应当自然且均匀地分布在壁厚相对一致的戒指上。

STEP 04

图 3-55

完成锤纹纹理戒指的制作，如图3-55所示。

STEP 05

图 3-56

铸造成金属的锤纹纹理戒指会呈现出自然有趣的金属质感，如图3-56所示。

◆ 锯切纹理戒指的雕蜡方法

锯切纹理戒指是运用锯条本身的粗糙度和锯条划痕制作出纹理效果的。因为蜡材独特的质地，很多工具都能够在蜡材的表面制作出有趣的纹理效果，应用这个原理可以做出更多的尝试。

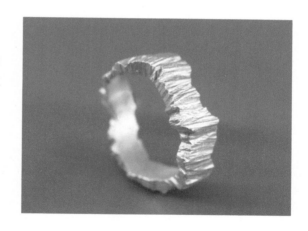

STEP 01

准备一枚戒壁相对宽厚的戒指雏形，为锯切预留足够的空间，如图3-57所示。

图 3-57

STEP 02

图 3-58

图 3-60

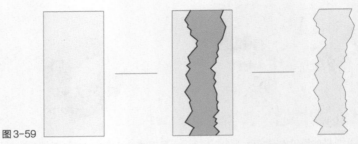

图 3-59

选取较粗尺寸的蜡锯，对蜡件的顶面和底面进行锯切，如图3-58所示。锯切时，尽量保留蜡锯自然的锯痕，并使用蜡锯控制整个戒指的轮廓形状，如图3-59所示。锯好一圈后，可以根据顶面和底面的轮廓形状再进行调整，让蜡件的轮廓边缘看起来有美感一些，如图3-60所示。

STEP 03

图 3-61

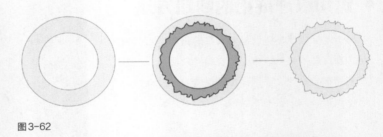

图 3-62

为已经锯切好顶面和底面的蜡件锯切戒壁，如图3-61所示。锯切时尽量不要使戒壁过厚或过薄，如图3-62所示。戒壁锯切好后，可以根据蜡件整体的状态再进行调整。

STEP 04

图 3-63

完成锯切纹理戒指的制作，如图3-63所示。

STEP 05

图 3-64

铸造成金属的锯切纹理戒指看起来会有自然地貌的质感，如图3-64所示。

◆ 滴珠纹理戒指的雕蜡方法

滴蜡指的是应用焊蜡机的温度，将熔化的蜡珠滴在蜡件表面制造出的一种有趣的纹理效果。熟练地使用焊蜡机可以制作出各式各样的形状。

STEP 01

准备拥有弧形表面的蜡件雏形，将其打磨到光滑圆润的状态，如图3-65所示。

图3-65

STEP 02

应用第2章的滴珠练习，可以很轻松地在蜡件表面滴出蜡珠。在弧形表面排布大小随机的小蜡珠，如图3-66所示。在这个案例中，如果想要塑造多层次堆叠的效果，一定要保证前一个小蜡珠已经完全干透，不然热量会让所有的小蜡珠融合到一起。

图3-66

STEP 03

图3-67

图3-68

取少量的蜡，在排布好一层蜡珠的蜡件上补充一层尺寸较小的蜡珠，如图3-67所示。尽量错落有致地排列蜡珠，如图3-68所示。

STEP 04

图3-69

滴好蜡珠的蜡件表面会有一些空隙，使用小号球形雕蜡钻头，在空隙处钻出小小的圆形浅坑，让整个戒指的纹理相呼应，如图3-69所示。

STEP 05

图3-70

图3-71

做好处理后，可以根据最后的整体状态进行调整，如图3-70所示。完成滴蜡戒指的制作，如图3-71所示。

STEP 06

图3-72

铸造成金属的滴蜡纹理戒指表面会呈现出独特的圆球状纹理效果，如图3-72所示。

◆ 树枝纹理戒指的雕蜡方法

树枝纹理是一种有趣的仿生纹理，常被应用于小型雕塑或首饰中。

STEP 01

准备蜡件雏形，将其打磨到平整光洁的状态，如图3-73所示。

图3-73

STEP 02

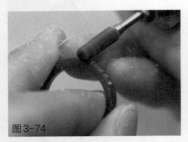

图3-74

图3-75

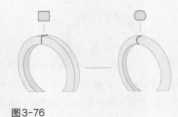

图3-76

使用大号直牙雕刻针或者大号柱形雕蜡钻头，快速削掉蜡件的外侧棱形边缘，如图3-74所示。将外侧棱形边缘削圆滑后，用同样的方法削掉内侧的两个棱形边缘，如图3-75所示。刮削后的蜡件截面由长方形变成了平底的圆弧形，如图3-76所示。

STEP 03

使用模型砂纸将蜡件稍做打磨，如图3-77所示。不用把蜡件打磨得过于平整，微微的变形会让树枝纹理看起来更自然，如图3-78所示。

图3-77

图3-78

STEP 04

图3-79

图3-80

用中号的直牙雕刻针或中号的柱形雕蜡钻头锋利的边缘在戒壁上刮削出短线条，如图3-79所示。刮削的短线条应当错落分布在戒壁上，如图3-80所示。

STEP 05

图3-81

图3-82

在戒壁上划刻线条，如图3-81所示。直到线条均匀地铺满戒指表面，如图3-82所示。

STEP 06

图3-83

图3-84

排列好第1层线条后，用小号直牙雕刻针雕蜡钻头锋利的边缘在已刮削好的线条空隙处继续刮削较细的线条，如图3-83所示。处理好两种线条后，可以根据最后的整体状态再进行调整，尽量让树枝纹理的布线更生动一些，如图3-84所示。如果想要刻画两圈缠绕在一起的树枝纹理，可以使用3种以上不同直径的直牙雕刻针雕蜡钻头来进行雕刻，让戒指更有层次感。

STEP 07

图3-85

图3-86

图3-87

铸造成为金属的树枝纹理戒指的视觉效果很好，凸显了树枝的质感，如图3-85所示。双层树枝纹理会更加有趣，也可以在金属上尝试做旧效果，如图3-86所示。多层交错的树枝在首饰作品中也很常见，如图3-87所示。

◆ 烫纹纹理戒指的雕蜡方法

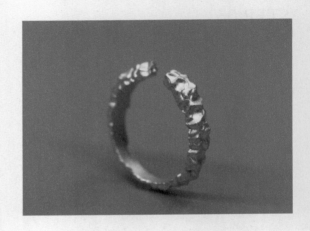

STEP 01

图3-88

准备好一枚想要做烫纹纹理的戒指，如图3-88所示。

STEP 02

图3-89

图3-90

使用焊蜡机自带的小挖勺金属头对戒指表面进行处理，刚开始可以使用金属头微微凸起的背部进行造型处理，如图3-89所示。注意处理时不要过度用力，利用金属头的热度可以很轻松地塑造出拥有特殊质感的浅坑，如图3-90所示。

STEP 03

将金属头立起来，用小挖勺相对精细的侧面边缘在浅坑之间的连接处进行第2轮处理，如图3-91所示。这样处理出来的纹理质感会更自然、更有层次，如图3-92所示。

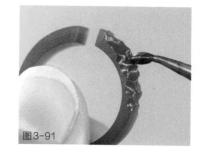

图3-91

图3-92

STEP 04

处理过程中，熔化的蜡液会慢慢在小挖勺里堆叠、溢出，这样会影响纹理的效果。可以准备一块蜡片，时不时地将小挖勺里的蜡液倒在蜡片上，如图3-93所示。循环上述步骤，直到在戒指表面制作出满意的纹理效果，如图3-94所示。

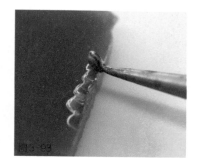

图3-93

图3-94

STEP 05

处理好表面的纹理后，利用小挖勺的边缘进一步处理戒指的边缘，照顾到细微处的质感表现，如图3-95所示。完成烫纹纹理戒指的制作，如图3-96所示。

图3-95

图3-96

STEP 06

铸造成金属的烫纹纹理戒指会呈现出半融化的特殊效果，如图3-97所示。

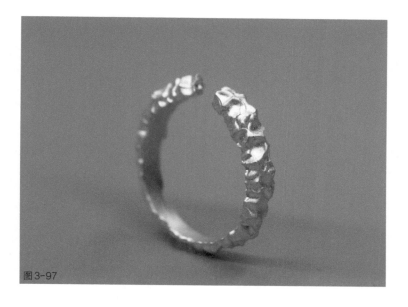

图3-97

第 4 章

镶嵌雕蜡
方法

CHAPTER 04

镶嵌是首饰制作中常见的一种技法，是指用围、夹等原理固定住镶嵌物。

镶嵌大体分为包镶和爪镶，以及由此演变出的密钉镶、轨道镶、埋镶、

张力镶嵌等镶嵌方法。镶嵌物分为规则形状镶嵌物和异形镶嵌物，掌握

了规则形状镶嵌物的镶嵌原理及方法后，可以应用镶嵌原理自由地固定

异形镶嵌物。本章以包镶、爪镶为主，对雕蜡的基本镶嵌方法进行讲解。

包镶方法及扩展

◆ 平底宝石的包镶原理

包镶是指用一圈金属边围住镶嵌物进行固定的镶嵌方法，一般会根据不同镶嵌物的尺寸和造型来确定围边的高度和形状。以镶嵌宝石为例，包镶方法分为平底宝石包镶和非平底宝石包镶。

STEP 01

以包镶的方法镶嵌平底宝石时，要先观察宝石的基本形状和尺寸，本案例使用的宝石如图4-1所示。包镶时，一般情况下会以宝石高度的下1/3处作为围边的范围，如图4-2所示。

图4-1　　　　　　　　　　　　　　图4-2

STEP 02

图4-3　　　　　　　　　　　　　图4-4

根据宝石的尺寸确定厚度合适的蜡片，确保蜡片的厚度大于围边的高度，并且要预留出底部的厚度（大于等于5mm）和会被打磨掉的损耗部分。刚开始练习包镶时，可以选择比原定尺寸稍微厚一点的蜡片，如图4-3所示。为了方便操作，蜡片的面积最好不要过小，尽量选择便于自己操作的尺寸，如图4-4所示。

STEP 03

图4-5

用一小块绿泥将宝石黏在蜡片上。使用圆规或其他相对尖锐的工具沿着宝石的轮廓画出一条边缘线，如图4-5所示。

STEP 04

图4-6

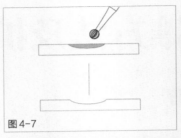

图4-7

图4-8

使用尺寸合适的球形雕蜡针在这条边缘线内钻一个洞，如图4-6所示。需要注意的是，钻出的坑洞边缘不要超过边缘线的范围，深度略微超过宝石1/3的高度，如图4-7所示。为宝石钻出底座大致分为3个步骤，在第1步——钻洞时，确保钻出深度合适的弧形洞就可以了，如图4-8所示。

STEP 05

图4-9

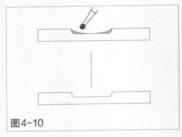

图4-10

图4-11

在钻好的弧形浅坑基础上，进行钻底座的第2步——使用小号的球形雕蜡针二次钻洞，如图4-9所示。在这一步需要将底座的平面钻平，并钻出底座的雏形，如图4-10所示。在这一步，还需要尽可能地将坑洞的底部和四周修整平直，效果如图4-11所示。

STEP 06

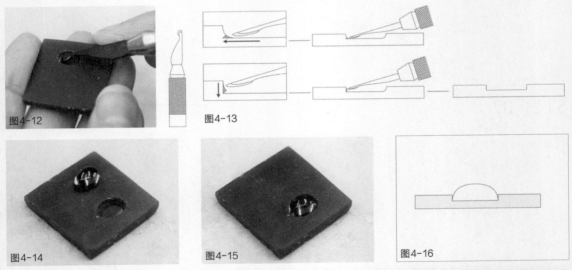

图4-12

图4-13

图4-14

图4-15

图4-16

进行到钻底座的第3步时，需要使用挖洞掏弧面刀形的雕蜡刀将底座刮削平滑并削切出底座的直角边，如图4-12所示。使用挖洞掏弧面刀形的雕蜡刀削切直角边时，需要注意手法，用向前推的力平稳地推动雕蜡刀，将刀头插入圆弧蜡壁，移出雕蜡刀后，用向下的力竖直刮削圆弧蜡壁。不断重复这两个动作，可以轻松刮削出清晰的直角底边，如图4-13所示。刮削完成的底座应当是平整光滑的，如图4-14所示。将宝石放入底座，宝石应放置平稳不晃动且可以轻松放入、取出，如图4-15所示。而此时，底座的深度应当略微高于宝石1/3的高度，如图4-16所示。到这一步，宝石包镶的底座内部就制作好了。

STEP 07

图4-17

图4-18

应用外沿画线的方法画出包镶底座的壁厚边缘线，如图4-17所示。沿着边缘线锯下底座的部分，如图4-18所示。

STEP 08

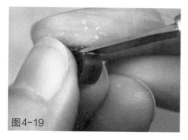

图4-19

图4-20

图4-21

用刮角刀形的雕蜡刀或直牙雕刻针雕蜡钻头修整包镶底座的外壁，使其平整光滑，如图4-19所示。可以根据自己的想法决定包镶底座的外壁厚度，完成包镶底座的制作，如图4-20所示。到这一步，可以对底座的外壁形状进行设计改造，但一定要保证外壁高度要高于或等于宝石高度的1/3，如图4-21所示。

◆ 平底宝石的包镶应用

STEP 01

图4-22

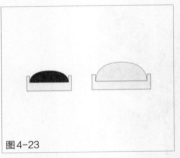

图4-23

理解了平底宝石的包镶原理后，可以结合不同的首饰类型进行镶嵌。大体上有两种应用方法：一种是先做好一个包镶底座，将其熔焊在设计好形状的蜡件上；另一种应用方法是在设计好形状的蜡件上雕刻出用来包镶的底座。这里以第1种方法为例，将两颗规则形状的平底宝石镶嵌在一枚戒指上。观察想要进行镶嵌的宝石，如图4-22所示，为镶嵌的造型做出构想。根据想法为两枚宝石做好包镶底座，如图4-23所示。

STEP 02

图4-24

戒指造型可以参见第3章"异形戒指的画线方法"一节中的案例，如图4-24所示。

STEP 03

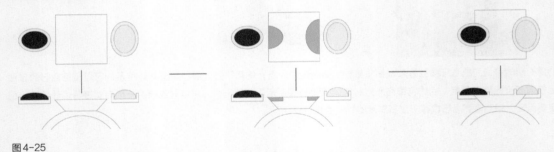

图4-25

根据构想，为两个包镶底座确定熔焊的位置，应用钻底座的方法，为两个包镶底座制作槽位，制作流程如图4-25所示。

STEP 04

图4-26

图4-27

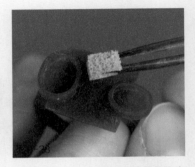

用焊蜡机将底座熔焊到挖好的槽位上，如图4-26所示。用细节深入刀形的雕蜡刀修整熔焊的地方，将转折处修整得平直光滑，如图4-27所示。将模型砂纸剪成小块，用镊子夹住对底座进行打磨，如图4-28所示。

STEP 05

修整后的戒指应当没有缝隙和孔洞，并且表面是光滑平整的，如图4-29所示。为戒指整体造型做最后的调整，如图4-30所示。

图4-29   图4-30

STEP 06

放入宝石，完成平底宝石包镶戒指的制作，如图4-31所示。

图4-31

◆ 非平底宝石的包镶原理与应用

STEP 01

图4-32

非平底宝石的包镶原理与平底宝石的包镶原理基本一致，这里以非平底宝石为例，在设计好造型的戒指上开槽进行包镶。与平底宝石的包镶方法一样，应先观察想要镶嵌的宝石并做出构想，如图4-32所示。

STEP 02

图4-33   图4-34

使用游标卡尺测量宝石的精准尺寸，如图4-33所示。以黄色的非平底宝石为例，其长宽高分别为6mm、4mm、3mm，如图4-34所示。

STEP 03

想要在成品蜡件上开槽做镶嵌的前提是成品蜡件的尺寸必须与宝石的尺寸相匹配，如宝石的长宽分别为6mm、4mm，则所需的蜡件镶口处的长宽应为8mm、6mm，如图4-35所示。一般在测量宝石的实际尺寸后，再制作尺寸合适的蜡件雏形。蜡件造型可以参见第3章"异形戒指的画线方法"一节中的案例，如图4-36所示。

图4-35

图4-36

STEP 04

图4-37

图4-38

图4-39

在制作蜡件上的镶口前，尽量把蜡件的造型细节处理好。可以根据自己的想法进行创作，如图4-37所示。为呼应宝石上的棱面，可以在戒壁上用细节深入刀形的锉刀锉修出几个截面，如图4-38所示。打磨蜡件，对整体造型进行调整，为下一步制作镶口做准备，如图4-39所示。

STEP 05

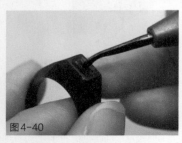

图4-40

图4-41

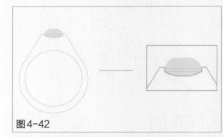

图4-42

与平底宝石包镶方法一致，画好宝石轮廓线后开始掏宝石底座，如图4-40所示。需要注意的是，非平底宝石的底座不用掏得过于平整，但应尽量掏出宝石镶嵌面的形状。在这个案例中，掏好的底座底面是圆弧形的，如图4-41所示。放入宝石后，底座的深度略高于宝石的腰部，如图4-42所示。

STEP 06

用尺寸合适的细节深入刀形的雕蜡刀修整底座底部的转折线，如图4-43所示。

图4-43

STEP 07

图4-44

将模型砂纸剪成小块，用镊子夹住并用其打磨底座内壁，如图4-44所示。

STEP 08

图4-45

图4-46

完成镶口的制作，如图4-45所示。将宝石放入底座，宝石应放置平稳不晃动且可以轻松放入、取出，如图4-46所示。

STEP 09

图4-47

为整体造型做出最后的调整，完成带镶口戒指的制作，如图4-47所示。

◆ 常见的包镶图样

掌握包镶的基本原理后，可以尝试制作不同形状的包镶底座，如图4-48所示。

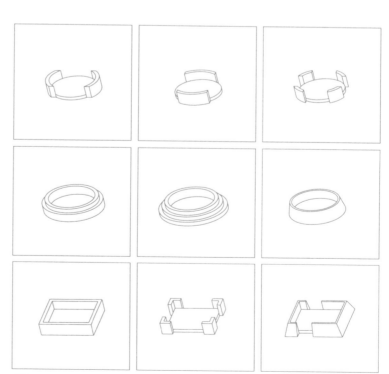

图4-48

爪镶方法及扩展

◆ 规则形状宝石的爪镶原理

爪镶是指用金属爪牢牢抓住镶嵌物进行固定的镶嵌方法，一般会根据不同镶嵌物的尺寸和造型来确定金属爪的高度、造型和数量。以镶嵌宝石为例，爪镶方法分为规则形状宝石镶嵌和异形宝石镶嵌。

STEP 01

图4-49

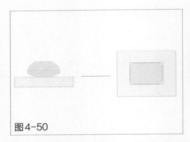

图4-50

图4-51

观察宝石并测量好宝石的尺寸，本案例使用的宝石如图4-49所示。选取尺寸合适的蜡片，蜡片的厚度不低于宝石腰部到底部的高度即可。将宝石相对平整的面朝向蜡片并用绿泥固定住宝石，使用圆规或其他相对尖锐的工具沿着宝石的外轮廓划出一条线，如图4-50所示。使用这种固定方法可以得到一个相对准确的轮廓线尺寸，如图4-51所示。

STEP 02

在划出的轮廓线内侧1mm处再划出一条线，并使用金属锯条锯掉内侧轮廓线的部分，如图4-52所示。用方形锉修整内部的区域，如图4-53所示。这一步中镂空的区域是爪镶底座放置宝石的部分，可以根据宝石的形状再做调整、打磨，如图4-54所示。宝石放入底座后，应当是平稳不晃动的，如图4-55所示。

图4-52

图4-53

图4-54

图4-55

STEP 03

图4-56

图4-57

图4-58

沿着外侧轮廓线0.5mm处画出一条线，用金属锯条进行锯切，这时锯切下来的底座部分会略宽于宝石，如图4-56所示。为锯切下来的底座锉修出棱角截面（这个棱角截面就是下一步添加爪子的部位），并将其打磨平整，如图4-57所示。放入宝石，对底座做最后的调整，如图4-58所示。

STEP 04

在棱角截面处用滴蜡的方法堆出4只爪子，如图4-59所示。4只爪子需要保持平直，不会妨碍宝石的取出，如图4-60所示。

图4-59

图4-60

STEP 05

图4-61

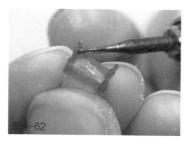

图4-62

图4-63

用平板锉打磨爪子的外侧，使其光滑平整，如图4-61所示。用小号的直牙雕刻针雕蜡钻头打磨爪子内侧，如图4-62所示。打磨好爪子内外侧后，平放爪镶底座以调整形态，如图4-63所示。为了顺利将其铸造成金属，应确保爪子的直径不小于0.4mm。

STEP 06

图4-64

图4-65

图4-66

倒扣爪镶底座，在平整的水磨砂纸上画圈打磨，使4只爪子保持在同一个高度，如图4-64所示。翻转底座，在平整的水磨砂纸上打磨爪镶底座的底部，使爪子和底面均处在平整光滑的水平面，如图4-65所示。放入宝石，宝石应平稳不晃动且可以轻松放入、取出。至此，爪镶底座就制作完成了，如图4-66所示。掌握了爪镶的原理后，就可以自由地对爪镶底座进行不同的设计。

◆ 规则形状宝石的爪镶应用

STEP 01

图4-67

做出戒指造型，戒指壁厚与底座高度相当，如图4-67所示，戒指造型可以参见第3章"锤纹纹理戒指的雕蜡方法"小节中的案例。

STEP 02

图4-68

图4-69

在锤纹纹理戒指上确定爪镶底座的位置，并用小号直牙雕刻针雕蜡钻头钻好槽位，如图4-68所示。用细节深入刀形雕蜡刀修整槽位的形状，确保爪镶底座可以放入槽口，如图4-69所示。

STEP 03

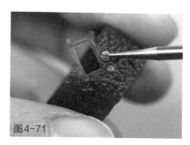
图4-71

图4-72

用焊蜡机将爪镶底座与戒指熔焊在一起，如图4-70所示。使用大号球形雕蜡针修补熔焊处的锤纹纹理，如图4-71所示。补好锤纹纹理后，检查整体造型，如图4-72所示。

STEP 04

将纹理较细的模型砂纸（800#）剪成小块，打磨戒指内壁熔焊处，如图4-73所示。安装宝石并检查整体造型，宝石的底部不能突出到戒壁外，安装后的效果如图4-74所示。

图4-73

图4-74

STEP 05

图4-75

安装规则形状宝石后的爪镶戒指，如图4-75所示。

◆ 异形宝石的爪镶原理及应用

STEP 01

异形宝石的爪镶原理与规则形状宝石的爪镶原理基本一致，这里以图4-76所示的3颗形态不一的珍珠为例，与树枝纹理结合，做一枚戒指。与规则形状宝石的爪镶底座制作方法相似，制作前先观察想要镶嵌的宝石并进行构想。

图4-76

STEP 02

图4-77

图4-78

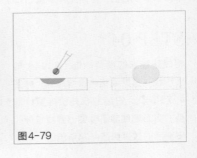

图4-79

图4-80

图4-81

在厚度合适的蜡片上确定相应的镶嵌位置（蜡片的厚度需要根据设计图选取，但务必确保钻好底座后尚余至少0.5mm厚的蜡片），如图4-77所示。用球形雕刻针钻出珍珠底部的形状，如图4-78所示。在这个案例中，珍珠的底座为弧形，底座深度为珍珠厚度的1/3左右，如图4-79所示。要保证底座的边缘光滑流畅，坑洞也尽量处理得平滑一些，如图4-80所示。调整坑洞的形状，直到能够准确平稳地放入珍珠，如图4-81所示。

STEP 03

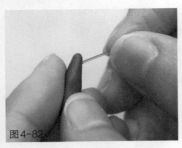

图4-82

图4-83

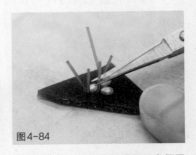

图4-84

开始为底座安装爪子。准备好直径为0.5mm或0.6mm的细蜡棍（注意精细操作时均使用硬蜡棍），细小的蜡棍不方便用手拿捏，可以将小块绿泥搓成条状，用手将细蜡棍浅浅地插入绿泥条的一端，如图4-82所示。用绿泥条做辅助，将细蜡棍与蜡片熔焊在一起，如图4-83所示。剪掉过长的细蜡棍（被剪掉的部分可以继续熔焊到蜡片上），如图4-84所示。

STEP 04

熔焊足够多的细蜡棍，完成"鸟巢"上的"枝条"部分，如图4-85所示。用来组成爪子的细蜡棍随机围绕在珍珠周围，但要保证每颗珍珠都至少分配有3只用于固定的爪子，如图4-86所示。

图4-85

图4-86

STEP 05

图4-87

做出戒指造型，可以参见第3章"树枝纹理戒指的雕蜡方法"一节中的案例，戒指的宽度要与爪镶的珍珠组合相匹配，如图4-87所示。

STEP 06

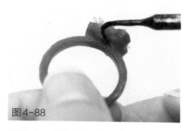

图4-88

图4-89

沿着"鸟巢"外侧锯下珍珠组合，并用焊蜡机将爪镶底座与树枝纹理戒指熔焊在一起，如图4-88所示。在这一步，需要保证爪镶底座焊在了合适的位置并与戒指是垂直的，如图4-89所示。

STEP 07

用大号直牙雕刻针或斜牙雕刻针给爪镶底座的侧壁补打上树枝纹理，如图4-90所示。补打纹理时尤其要注意底座与戒指连接的地方，这些地方需要仔细地处理，效果如图4-91所示。

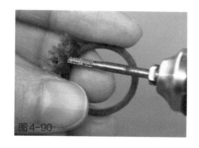

图4-90

图4-91

STEP 08

图4-92

图4-93

用小号的斜牙雕刻针雕蜡钻头在底座顶部的蜡棍上制作一些纹理，如图4-92所示。放入珍珠，调整突出的细蜡棍，保证珍珠可以平稳地放在底座中，并且可以轻松放入和取出，如图4-93所示。

STEP 09

图4-94

做最后的调整，完成异形宝石爪镶戒指的制作，如图4-94所示。

◆ 常见的爪镶图样

掌握爪镶的基本原理后，可以尝试制作不同形状的爪镶底座，如图 4-95 所示。

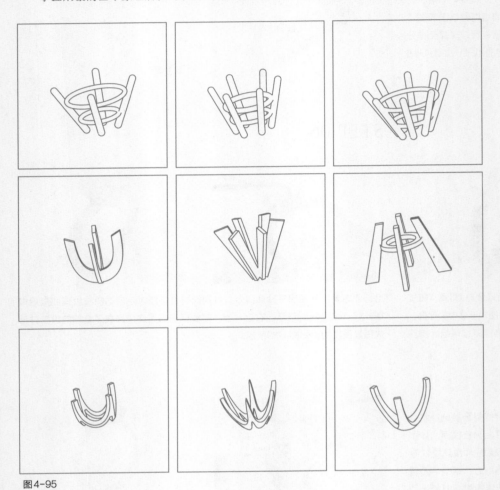

图4-95

◆ 张力镶嵌

STEP 01

图4-96

图4-97

图4-98

准备好用于镶嵌的宝石并测量尺寸，本案例使用的宝石如图4-96所示。按照宝石的尺寸准备好一枚开口戒指，如图4-97所示。开口戒指的开口尺寸要小于宝石的直径，如图4-98所示。

STEP 02

图4-99

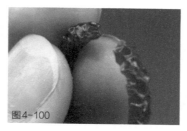

图4-100

图4-101

完成戒指表面纹理的制作，并使用小号的球形雕刻针在戒指的开口处进行雕刻，如图4-99所示。这一步的目的是雕刻出用于卡住宝石的槽位，如图4-100所示。槽位不需要雕刻得过深，能够卡住宝石即可，如图4-101所示。

STEP 03

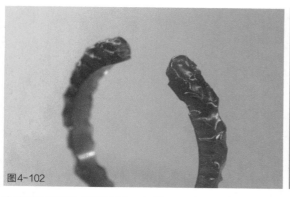

图4-102

完成张力镶嵌的戒托的制作，如图4-102所示。戒指在制作烫纹纹理时受到热量的影响，形状和开口处会微微变形，铸造成金属后，稍做调整即可恢复形状。

第 5 章

平面造型
雕蜡方法

CHAPTER 05

平面造型雕蜡方法主要分为平面图案的雕蜡方法、弧面图案的雕蜡方法

以及浮雕造型的雕蜡方法 3 个部分。平面造型雕蜡方法是制作首饰时非

常常见的方法，也是立体造型雕蜡方法的基础。

平面图案的雕蜡方法

◆ 平面图案的定位

　　平面图案的雕蜡一般会选择在薄厚适宜的蜡材上进行，可以镂刻图案、绘制线稿、制作纹理等。虽说是平面造型，但可以通过一些特殊结构的处理，创作出很多有趣的作品。

STEP 01

图5-1

平面图案的定位方法主要有3种：第1种是提前画好或打印好尺寸1:1的图纸，直接将图纸贴在蜡片上完成图案定位；第2种是使用油性记号笔在蜡材上直接绘制出图案，这需要有一定的绘画基础；第3种针对相对复杂一些的图案，在贴好图纸的蜡片上使用扎点定位的方法绘制图案。3种方法分别适合不同类别、难度的图案。这个案例中的兔子胸针需要相对精确的数据，因此采用了第1种定位方法。提前绘制画稿，打印好尺寸1:1的图纸，如图5-1所示。

STEP 02

图5-2

图5-3

选择合适的蜡片，并用模型砂纸画圈打磨，如图5-2所示，轻轻打磨即可，不能过度破坏蜡片表面。这一步的目的是增加摩擦力，使图纸更容易贴在蜡片上。将原本光滑平整的蜡片表面打磨得粗糙一些，如图5-3所示。

STEP 03

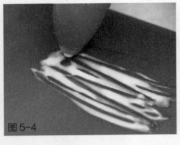

图5-4

图5-5

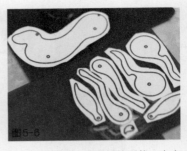

图5-6

在打磨后的蜡片上涂白乳胶，如图5-4所示。贴上剪成小块的图纸，如图5-5所示。贴上全部图纸，按图纸的形状、大小进行排列，合理利用蜡片空间，如图5-6所示。

◆ 平面图案的切割

STEP 01

贴好的图纸需要一定的时间才能完全干透，等其完全干透后才能开始切割。平面图案的切割方法分为两种。相对较薄且图案简单的蜡片可以采用第1种方法——用锋利的小剪刀沿着图纸进行剪切，如图5-7所示。第2种方法为锯切，相对较厚或图案比较复杂的薄蜡片，就可以使用金属锯条沿着图纸锯切，如图5-8所示。

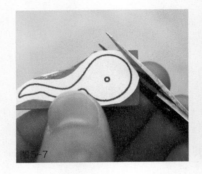

图5-7

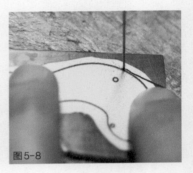

图5-8

STEP 02

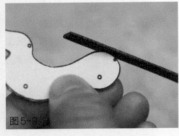

图5-9

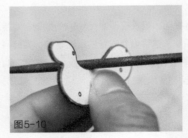

图5-10

图5-11

切割下来的蜡片不用急着撕下图纸，先用锉刀修整边缘，如图5-9所示。使用不同刀形的锉刀把切割的痕迹和多余的部分仔细修整掉，如图5-10所示。仔细修整好全部的蜡件，如图5-11所示。

STEP 03

撕掉图纸，检查全部的蜡件，如图5-12所示。

图5-12

◆ 平面图案的纹理

STEP 01

图5-13

图5-14

图5-15

用球形雕刻针为蜡片制作纹理，如图5-13所示。用不同大小的球形雕刻针制作动物毛发的短线条纹理，从上到下使线条均匀排布并产生大小渐变效果，如图5-14所示。为局部制作纹理时，用两只手固定蜡片，雕刻时切忌过度用力，如图5-15所示。

STEP 02

用模型砂纸打磨修整毛发纹理与兔子脚，如图5-16所示。完成一条腿的表面纹理的制作，仔细检查有没有漏掉的地方，效果如图5-17所示。

图5-16

图5-17

◆ 平面图案的结构应用

STEP 01

制作完成全部蜡片的纹理后，开始为兔子安装可以活动的结构，这里应用的是铆接结构。在这个案例中，需要为底层的耳朵、前腿、后腿、尾巴安装上结实的轴（蜡棍），再为中层的身体和上层的耳朵、前腿、后腿打孔，这样中上层的身体部件就可以套在轴上前后摆动，如图5-18所示。等蜡件铸造成金属后，使用金属铆接的技法固定上、中、底层的部件，就可以使各部件自由地前后摆动而不掉出了。具体操作可以参见第10章"金属部件的连接"一节。

图5-18

STEP 02

图5-19

图5-20

为底层的部件熔焊上结实的轴。选取需要焊接轴的蜡片，将其放置在对应的图纸上，找到预先设计好的打孔位置，用油性记号笔描出打孔的点，如图5-19所示。使用尺寸合适的麻花形雕蜡钻头，这里使用尺寸合适的麻花钻头（如用来做轴的小蜡棍直径为1mm，则使用直径为1mm~1.2mm的麻花钻头），垂直钻出孔洞，钻洞时可以在蜡片下方垫一块平整的蜡片，这样可以避免钻头破坏桌子，如图5-20所示。

STEP 03

图5-21

图5-22

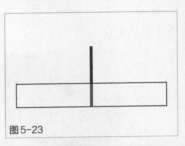

图5-23

为了保证蜡棍与部件是垂直的，可以使用另一个蜡片辅助。注意辅助蜡片的厚度要高于你预期的轴的高度。用同样尺寸的钻头为辅助蜡片钻孔，如图5-21所示。把同样直径的蜡棍插入孔洞，如图5-22所示。此时的蜡棍应当与蜡片保持垂直，如图5-23所示。

STEP 04

图5-24

图5-25

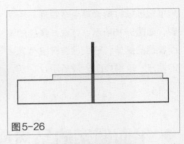

图5-26

把钻好孔洞的部件套入蜡棍，注意保证部件纹理面朝下，平滑面朝上，如图5-24所示。用焊蜡机熔焊蜡棍与部件，注意不要留有空隙，如图5-25所示。此时蜡棍应当垂直地连接在部件上，如图5-26所示。

STEP 05

图5-27

图5-28

图5-29

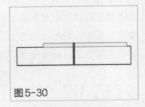

图5-30

剪掉多余的蜡棍，如图5-27所示。用模型砂纸把多出的焊接痕迹打磨光滑，如图5-28所示。继续将整个部件打磨平滑，如图5-29所示。此时的蜡棍是垂直于部件的如图5-30所示，且部件表面是光滑平整的。

STEP 06

取出部件并将其翻转，检查熔焊处有没有缝隙或孔洞，如图5-31所示。此时部件的轴就制作完成了，注意轴与部件一定是垂直的，如图5-32所示。

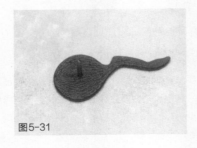

图5-31

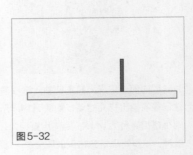

图5-32

STEP 07

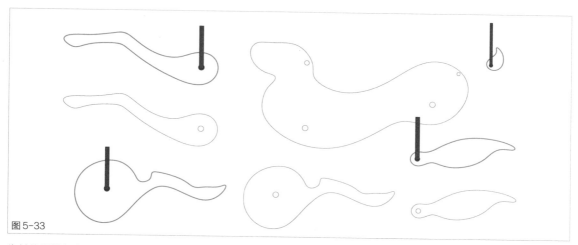

图5-33

为其他同样在底层的部件安装轴，并为全部中层及上层的部件钻好孔洞，如图5-33所示。

STEP 08

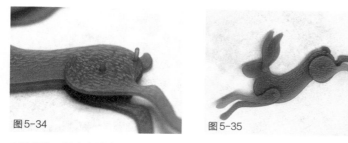

图5-34

图5-35

安装部件，把突出过多的轴剪短，如图5-34所示。此时的部件组合可以通过轴的固定作用前后摆动。检查每一处部件，并查看每个部件的位置是否精准，如图5-35所示。

STEP 09

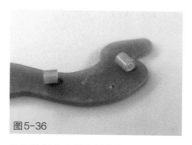

图5-36

为部件组合安装胸针结构，如图5-36所示。胸针部分的具体操作可以参见第8章制作胸针结构的内容。

STEP 10

图5-37

完成可以自由摆动的兔子胸针的制作，如图5-37所示。

弧面图案的雕蜡方法

◆ 弧面图案的定位

　　弧面图案的雕蜡是指在弧形表面上雕刻出一些图案或文字。首饰类别中有着悠久历史的图章戒指就可以应用这种方法来创作。

STEP 01

图5-38

在这个案例中，要在弧形表面上雕刻5只飞鸟的图案，如图5-38所示。因图案比较小且尺寸不需要十分精确，所以采用了记号笔绘制的方法来定位。

STEP 02

图5-39

准备好尺寸合适的戒指，如图5-39所示。其制作可以参见第3章"素圈戒指的雕蜡方法"一节中的案例。

STEP 03

图5-40

使用油性记号笔在弧形表面上绘制飞鸟的图案，如图5-40所示。这里需要注意的是，一定要使用油性记号笔绘制，不可以使用水性记号笔，因为使用水性记号笔绘制的图案会很容易被蹭掉。同时，比较粗的笔头更不容易刮花蜡件表面。

◆ 弧面图案的雕刻

STEP 01

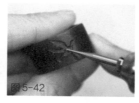

使用尺寸合适的球形雕刻针刻画出飞鸟大致的形状，如图5-41所示。更换更小的球形雕刻针，细致地再进行图案的修整，如图5-42所示。最后用尺寸合适的小号球形雕刻针把翅膀上羽毛的细节刻画出来，如图5-43所示。在这个案例中，无须像制作镶嵌底座那样在蜡件上钻一个带棱角的深坑，只需要钻一个弧形浅坑即可，如图5-44所示。

STEP 02

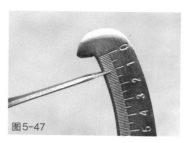

雕刻飞鸟图案的过程中需要随时测量蜡件的厚度，如图5-45所示。使用外卡尺夹住蜡件最薄处，如图5-46所示。读取数值，这一处的厚度为1mm，如图5-47所示。要保证最薄处的厚度大于等于0.35mm，否则会有铸造不成功的隐患。

STEP 03

使用细窄的细节深入刀形雕蜡刀刻画飞鸟翅膀的细节，如图5-48所示。刻画翅膀细节的尖细部位①时，用细节深入刀形雕蜡刀刀头先向前推出②，铲出一个缝隙③，再从尖细部位的另一边平直推出④，铲出完整的尖角⑤，如图5-49所示。

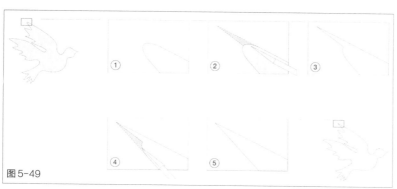

STEP 04

完成一只飞鸟图案的雕刻，如图5-50
所示。如果飞鸟图案周围有划痕，可
以在完成所有图案雕刻后用模型砂纸
画圈打磨戒面。

图5-50

STEP 05

图5-51

用同样的方法刻画出其他4只飞鸟的图案，完成飞鸟图案戒指的制作，如图5-51所示。

STEP 06

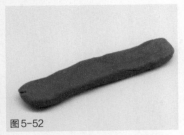

图5-52

图5-53

图5-54

准备一条绿泥，将其大致捏成与戒指同宽，如图5-52所示。在绿泥上滚动按压戒指，力度控制在可以印出清晰飞鸟图案
的程度，如图5-53所示。观察按压出的飞鸟图案，可以判断戒指上的飞鸟图案是否有足够好的细节，不足的地方可以进
行调整，如图5-54所示。

浮雕造型的雕蜡方法

◆ 浮雕造型的定位

　　浮雕造型是依托在一个平面上的半立体造型。与立体造型不同，浮雕造型往往只能从正面或侧面看出雕刻物的样貌。相对立体造型来说，浮雕造型更容易学习。

STEP 01

浮雕造型的定位方法与平面图案的3种定位方法大致相同。以猴子浮雕为例，先准备好尺寸为1:1的草图，如图5-55所示。锯切一块厚度合适的圆形蜡片（选择蜡片时，需要先考虑一下最终成品的尺寸），在蜡片上贴好图纸，如图5-56所示。

图5-55

图5-56

STEP 02

图5-57

图5-58

图5-59

为猴子浮雕定位前，需要想好成品的样子，比如哪里是凸出来的，哪里是凹陷的，一共分为几个层次等。在这个案例中，猴子浮雕的面部是向内凹陷的弧面，鼻子和嘴巴是凸出来的。因此，在定位时，不需要定位眼睛、鼻孔等细节，只需要定位需要突出的鼻子、嘴巴部分就可以了，如图5-57所示。这里使用的是扎点定位的方法。使用圆规或其他尖锐的工具沿着图纸上的线条扎点，扎点时不要过度用力，扎出的孔洞在去除图纸后依然清晰可见就可以了，如图5-58所示。刚开始扎点时可能会控制不好力度，可以先在废蜡片上试着扎点。扎点定位适用于相对厚一点的蜡片和相对复杂的图案。猴子脸部的图案虽然简单，但需要处于中线且完全对称，因此使用了扎点定位的方法。扎好点后，需要用圆规将点连起来，画出清晰的线圈，如图5-59所示。

◆ 浮雕造型的层次处理

STEP 01

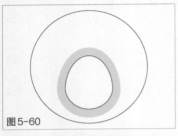

图5-60

图5-61

图5-62

为猴子浮雕的面部雕刻出大致的层次——面部凹陷，鼻子、嘴巴突出。为了突出鼻子和嘴巴的部分，需要先沿着鼻子、嘴巴的区域雕刻出一个线圈，如图5-60所示。使用球形雕蜡钻头，沿着上一步画好的线圈雕刻，如图5-61所示。雕刻时注意保持线圈的完整，尽量不要破坏线圈内部的蜡，如图5-62所示。

STEP 02

图5-63

图5-64

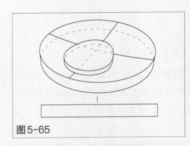

图5-65

使用球形雕刻针衔接线圈和外侧的部位，如图5-63所示。逐渐雕刻出整个面部的凹陷形状，如图5-64所示。雕刻时一定注意不要破坏蜡片最外圈的厚度；雕刻完成后，蜡片当是一个以鼻子、嘴巴区域为中心的凹陷的弧面，从侧面看蜡片外圈边缘依然保持着原有的厚度，如图5-65所示。

STEP 03

处理出一个大致的层次后，可以开始调整猴子面部的弧面层次，将面部分为额头、下巴区域和凹陷的两颊区域，如图5-66所示。用油性记号笔标记出两颊的位置，如图5-67所示。

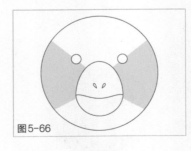

图5-66

图5-67

STEP 04

用外沿画线的方法，在两颊对应的蜡壁上划出想要凹陷的厚度，如图5-68所示。使用球形雕刻针，将用油性记号笔标出的两颊区域向下钻，要注意依旧将其处理为以鼻子、嘴巴区域为中心的向内凹陷的弧面，如图5-69所示。

图5-68

图5-69

STEP 05

使用球形雕刻针雕刻两颊区域，使弧面逐渐过渡到额头和下巴区域，如图5-70所示。处理面部层次时，尽量使面部呈完全对称的状态。雕刻好后的面部弧面应当是额头和下巴高于两颊区域，如图5-71所示。

图5-70

图5-71

STEP 06

图5-72

图5-73

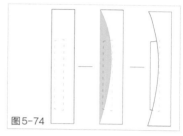

图5-74

将模型砂纸剪成小块，用镊子夹住打磨面部凹陷区域，如图5-72所示。打磨后的面部区域应当是平整光滑的，如图5-73所示。处理面部层次的目的是使原来高度一致的蜡片变成上下高、左右两侧凹陷的弧面，这个变化从凹陷处的侧面看比较明显，如图5-74所示。到这一步，猴子面部的层次就处理好了。

◆ 浮雕造型的堆蜡方法

STEP 01

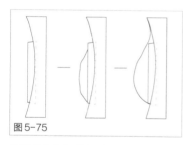

图5-75

图5-76

图5-77

堆蜡是指用焊蜡机将蜡熔化并堆积的技法，适用于整体较平整但局部突出的案例。以猴子浮雕为例，猴子面部相对较平滑且层次不明显，但鼻子、嘴巴非常突出。因此需要使用堆蜡的方法逐渐堆出鼻子和嘴巴部分，如图5-75所示。取一块干净的蜡块并用焊蜡机熔下一块，将其堆在鼻子、嘴巴区域，如图5-76所示。因为焊蜡机的金属头较小，每次所取的蜡液较少，所以需要有耐心地慢慢堆起来，直到堆到一个合适的高度，如图5-77所示。堆蜡的时候，尽量堆得平滑饱满一些。

STEP 02

用模型砂纸打磨凸起的部分，如图5-78所示。

图5-78

STEP 03

图5-79

图5-80

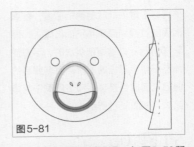

图5-81

对凸起部分的边缘进行处理。用挖洞掏弧面刀形中带有圆形刀头的雕蜡刀将鼻子与额头的连接处刮削圆滑，如图5-79所示。用平直刀头雕蜡刀将嘴巴与下巴的连接处切削出棱角，如图5-80所示。圆滑边缘与棱角边缘的边界为嘴巴缝隙的位置，在处理边缘前可以先确定嘴巴缝隙的位置。处理好后，从凹陷侧面可以看到流畅的面部弧线和收紧的下巴线条，如图5-81所示。

◆ 浮雕造型的细节处理

STEP 01

用模型砂纸打磨整个面部区域，使猴子浮雕平整光滑，如图5-82所示。在处理好的猴子面部标出眼睛、鼻孔、嘴巴等细节，如图5-83所示。

图5-82

图5-83

STEP 02

用细节深入刀形雕蜡刀铲出嘴巴的缝隙，如图5-84所示。用小号的平直刀头雕蜡刀铲出嘴角处的缝隙细节，如图5-85所示。

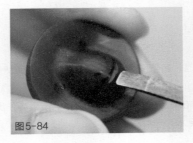

图5-84

图5-85

STEP 03

用刮角刀形的雕蜡刀刮削嘴巴的下半部分，如图5-86所示。将猴子浮雕倒过来，用刮角刀形的雕蜡刀刮削嘴巴的上半部分，如图5-87所示，倒过来刮削不容易破坏到其他部位。

图5-86

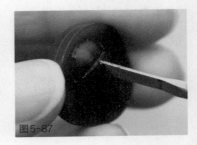

图5-87

STEP 04

图5-88

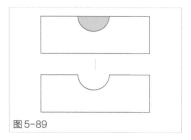

图5-89

图5-90

在为猴子浮雕添加两只圆圆的眼睛前，需要了解眼睛的雕蜡方法。在这个案例中，需要先用球形雕刻针在蜡件上钻一个半圆形的坑，作为眼睛的定位，如图5-88所示。在钻半圆形的坑时，尽量使用相同的力度，使两个坑都呈现半圆形，如图5-89所示。钻好半圆坑后，检查两只眼睛的位置和深度并做调整，如图5-90所示。

STEP 05

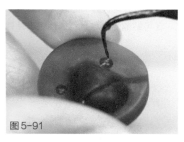

图5-91

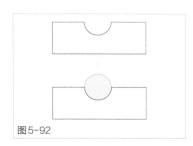

图5-92

用滴蜡的方法为半圆坑滴上圆眼睛，如图5-91所示。制作两只眼睛时尽量取用等量的蜡，这样可以保证两只眼睛大小一致。在半圆坑中滴蜡和不钻坑，直接滴半圆形的蜡珠都可以呈现出眼睛圆溜溜的状态，但半圆形的蜡珠容易散开，无法保证两只眼睛的大小相同。而钻半圆坑再滴蜡的优点是可以保证两只眼睛的大小相同并很容易呈现饱满圆润的状态，如图5-92所示。

STEP 06

图5-93

图5-94

图5-95

再次确认鼻孔的位置，如图5-93所示。使用小号的球形雕刻针钻出圆圆的小鼻孔，如图5-94所示。用细节深入刀形雕蜡刀铲出鼻孔下半部分比较尖锐的角，如图5-95所示。

STEP 07

完成猴子浮雕正面的制作，如图5-96所示。

图5-96

◆ 浮雕造型的背面处理

STEP 01

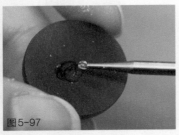
图5-97

图5-98

图5-99

因为凸起的鼻子和嘴巴比较厚且铸造成金属后会比较重，所以浮雕通常会做掏空处理。用球形雕刻针钻洞，如图5-97所示。在钻洞的过程中可以随时停下来用外卡尺测量钻洞后蜡壁的厚度，如图5-98所示。注意钻洞的时候时刻留意周边蜡壁的厚度，不能过薄，至少应超过0.35mm。在可钻范围内尽量将内部空间处理得光滑一些，如图5-99所示。

STEP 02

图5-100

图5-101

图5-102

钻好洞后，用平面锉锉刀修边缘（这不是必要的步骤，仅为整体造型考虑），如图5-100所示。锉修出上下两个斜面，如图5-101所示。从面部凹陷处的侧面可以看到前后翘起的部分，如图5-102所示。

STEP 03

完成猴子浮雕的制作，如图5-103所示。

图5-103

◆ 浮雕造型的应用

STEP 01

浮雕造型可以直接安装到可佩戴的结构部件（参见第7章内容）上，也可以和戒指等结合。准备一枚尺寸合适的戒指，如图5-104所示。使用外沿画线的方法在戒指的顶面画出与猴子浮雕宽度一致的槽线，如图5-105所示。

图5-104

图5-105

STEP 02

图5-106

图5-107

图5-108

用小号球形雕刻针将槽线内的蜡去除（这一步也可以使用金属锯条或小号直牙雕刻针），如图5-106所示。使用截面为正方形的方形锉刀锉修槽线直角处，如图5-107所示。槽位不需要太深，刚好卡住猴子浮雕就可以了，如图5-108所示。

STEP 03

图5-109

图5-110

图5-111

在戒指的侧壁上画好树枝的大致形态，如图5-109所示。用大号的直牙雕刻针雕蜡钻头快速削出树枝的外形，如图5-110所示。合理使用大小型号的直牙雕刻针雕蜡钻头，将戒指左右两侧的树枝都削出大体形态，如图5-111所示。

STEP 04

图5-112

图5-113

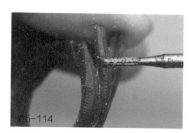

图5-114

使用大号直牙雕刻针削切出侧壁上树枝的前后层次，如图5-112所示。将左右两侧的树枝层次都削切出来，一定注意下方树枝的走向，让两侧的树枝看起来和谐一些，如图5-113所示。削切好树枝层次后，使用斜牙雕刻针雕蜡钻头将树枝的棱角刮削掉，让树枝成为圆柱形，如图5-114所示。在这一步，一定要先将树枝层次确定好，再刮削树枝棱角，不要将时间浪费在反复确认树枝的形态与位置上。

STEP 05

图5-115

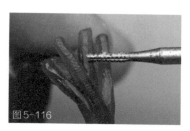

图5-116

图5-117

用堆蜡的方法延长边缘处的树枝，如图5-115所示。每补好一根树枝，就可以使用小号直牙雕刻针修整形态，如图5-116所示。在这一步，尽量一次补齐所有需要延长的树枝并调整好树枝的最终形态与位置，如图5-117所示。

STEP 06

图 5-118

图 5-119

图 5-120

使用小号直牙雕刻针或斜牙雕刻针为每一根树枝刮削出树枝纹理（可以参见第3章"纹理戒指的雕蜡方法"一节中的案例），如图5-118所示。在这一步，需要刮削好所有树枝的正面、侧面和背面，并调整好树枝的粗细与形态，如图5-119所示。处理好树枝纹理部分后，将猴子浮雕放置在树枝纹理戒指上，可以用焊蜡机先固定几个点，以便更好地查看效果，如图5-120所示。

STEP 07

用焊蜡机仔细焊接戒指与猴子浮雕内侧的连接处，如图5-121所示。继续熔焊戒指与猴子浮雕外侧的连接处，如图5-122所示。焊接处需要处理得精细而准确，注意不要破坏其他部位的光滑平面。

图 5-121

图 5-122

STEP 08

用小号直牙雕刻针或斜牙雕刻针仔细地将焊接处的纹理补上，同样需要注意不要破坏猴子浮雕表面，如图5-123所示。翻转戒指，继续用小号直牙雕刻针或斜牙雕刻针修补内侧的纹理，如图5-124所示。

图 5-123

图 5-124

STEP 09

图 5-125

图 5-126

图 5-127

为戒指添加细节，在原有框架基础上添加一些短小的树枝，让戒指看起来更有趣。选定树枝的位置，用焊蜡机取蜡在树枝上熔焊定位点，如图5-125所示。用堆蜡的方法逐渐延长树枝，如图5-126所示。在利用堆蜡方法延长树枝的同时，也要保证树枝的圆润度，如图5-127所示。

STEP 10

添加外侧树枝的同时也要注意在内侧添加树枝，如图5-128所示。注意在新堆出来的树枝上刮削纹理，如图5-129所示。

图5-128

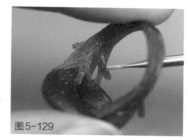

图5-129

STEP 11

堆好全部树枝后，用细节深入刀形雕蜡刀将每两根树枝间的接缝处理得更清晰利落些，这样会使戒指显得更精致，如图5-130所示。最后将戒指下半部分的两根树枝铲出缝隙，如图5-131所示。注意这一步要放在最后进行，若提前铲开缝隙，会让蜡圈失去支撑，容易被捏碎。

图5-130

图5-131

STEP 12

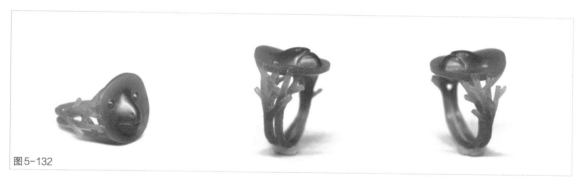

图5-132

完成猴子浮雕戒指的制作，如图5-132所示。

◆ 复杂图案的综合应用

STEP 01

准备好尺寸1:1的图纸，如图5-133所示。用白乳胶将图纸贴在厚度合适的蜡片上（蜡片厚度的选取取决于预想的浮雕高度），如图5-134所示。

图5-133

图5-134

STEP 02

图5-135

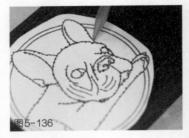

图5-136

图5-137

在使用扎点定位法前，需要考虑雕刻次序和方法。在这个案例中，一个相对复杂的图案下方衬有一个圆形平面，这可以用两种方法来完成。第1种方法为直接雕刻，将复杂图案和平面在一块蜡上雕刻出来。第2种方法为雕刻好上层的图案后，将其熔焊在一个圆形蜡片上。第2种方法相对第1种方法更便捷，这个案例的制作使用第2种方法。因此，只需要定位上层图案即可（可以不定位细小的图案，如褶皱），定位范围如图5-135所示。使用圆规或其他尖锐的工具沿着图案扎点，相对复杂的图案需要有耐心地在线上扎密集一些的点，这样更易于看出形状，方便后续雕刻，如图5-136所示。扎点定位时注意力度，保证可以看清图案且不扎裂蜡片即可，扎点效果如图5-137所示。

STEP 03

相对复杂的图案更需要做好定位。使用模型砂纸画圈轻轻打磨扎好点的蜡片，这一步会让图案变得更清晰（蜡粉末会掉入扎好的点），如图5-138所示。使用尖锐的工具连接点、画出线，这一步可以对照图纸，尽量还原得准确一些，如图5-139所示。

图5-138

图5-139

STEP 04

图5-140

图5-

图5-142

沿着轮廓线锯切，如图5-140所示。锯切后的边缘会比较粗糙，可以用平板锉锉修蜡件，如图5-141所示。锉修后，对照图纸，检查并修整蜡件，如图5-142所示。

STEP 05

开始雕刻，先将大的层次塑造出来，使用大号球形雕刻针沿着头部削切出层次，如图5-143所示。在这个案例中，面部作为第1层，耳朵作为第2层，前腿作为第3层，身体作为第4层，按顺序依次削切出层次，如图5-144所示。

图5-143

图5-144

STEP 06

图5-145

图5-146

图5-147

为削切好的层次修整边缘，使用细节深入刀形雕蜡刀从外部削切幅度或范围较大的弧线和平直边缘，如图5-145所示。使用挖洞掏弧面刀形雕蜡刀从内部削切幅度或范围较小的弧线，如图5-146所示。修整边缘后，对照图纸进行调整，如图5-147所示。

STEP 07

图5-148

图5-149

图5-150

大的层次塑造好以后可以开始进行边缘修整。使用大号球形雕刻针削掉边缘棱角处，使整个蜡件圆滑一些，如图5-148所示。使用大号球形雕刻针将耳朵中的凹陷处向下削切，如图5-149所示。修整好边缘后，对照图纸修整蜡件整体的形态，如图5-150所示。

STEP 08

图5-151

图5-152

图5-153

图5-154

整体的形态修整好后，开始对每一层的层次进行细化。使用大号球形雕刻针削出面部和身体上相对细微的凹陷，如鼻子上方的凹陷，脸侧的转折凹陷等，如图5-151所示。使用小号的细节深入刀形雕蜡刀沿着眼睛的轮廓线刻画出眼睛，如图5-152所示。使用挖洞掏弧面刀形中的圆形刀头修整边缘轮廓，使层次更加清晰，如图5-153所示。使用挖洞掏弧面刀形中的圆形刀头雕蜡刀刮削出耳朵内部的圆弧面，如图5-154所示。

STEP 09

浮雕的大致外形雕刻完成，如图
5-155所示。

图5-155

STEP 10

图 5-156

图 5-157

图 5-158

开始雕刻细节。对照图纸，使用挖洞掏弧面刀形中的圆形刀头雕蜡刀刻画细节，如刻画各部位连接处的具体形状，如图5-156所示。使用小号细节深入刀形雕蜡刀刻画出面部褶皱等细节，如图5-157所示。使用大号细节深入刀形雕蜡刀继续调整边缘轮廓形状，并将整体削切得平整一些，如图5-158所示。

STEP 11

完成整体造型的刻画，如图5-159所示。将模型砂纸剪成小块，用镊子夹住模型砂纸仔细打磨蜡件，尽量打磨到每一个角落，使整个蜡件光滑平整，效果如图5-160所示。

图 5-159

图 5-160

STEP 12

图 5-161

图 5-162

进一步刻画浮雕造型，分别使用不同刀形的雕蜡刀进行刻画，如图5-161所示。再次使用模型砂纸进行打磨，打磨后的效果如图5-162所示。

STEP 13

用无纺布抛光的方法为浮雕抛光，尽可能使蜡件变得光滑细腻，如图5-163所示。在刮削耳朵内部等凹陷较深的部位时，可以使用外卡尺随时测量厚度，如图5-164所示。

图 5-163

图 5-164

STEP 14

使用小号的球形雕刻针在鼻子和嘴巴区域制作纹理，如图5-165所示。鼻子上可以雕刻出密集的锤纹纹理，嘴巴区域可以雕刻出浅浅的坑洞，如图5-166所示。

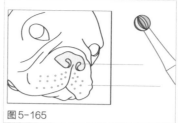

图5-165

图5-166

STEP 15

图5-167

图5-168

图5-169

浮雕的正面造型完成后，翻到背面进行钻洞处理。使用大号球形雕刻针沿着轮廓线1mm左右处勾刻出钻洞的范围，如图5-167所示。在勾刻线圈范围内继续削切蜡件，向下钻一层浅浅的坑，如图5-168所示。正面比较突出部位的背面可以相应地多钻掉一些蜡，但一定要随时留意，剩余的蜡的厚度不能少于0.35mm，修整后的效果如图5-169所示。

STEP 16

图5-170

图5-171

图5-172

完成浮雕蜡件的制作后，开始为它做一个圆形背板，如图5-170所示。锯切一块蜡片并将边缘打磨光滑，如图5-171所示。将浮雕放置在蜡片背板上，并描画出边缘轮廓线。因为耳朵是悬空的，所以边缘轮廓线不用包括耳朵，如图5-172所示。

STEP 17

图5-173

图5-174

图5-175

沿着描画的轮廓线内侧1mm处描画出小一圈的轮廓线（两条线之间的区域起到承托浮雕和方便熔焊的作用），如图5-173所示。锯切掉内部的区域，如图5-174所示。放置浮雕并对位置进行调整，如图5-175所示。位置调整好后，可以用绿泥在正面进行固定。

STEP 18

图 5-176

图 5-177

用焊蜡机从背面将浮雕熔焊在背板上（在背面熔焊可以避免破坏正面的浮雕造型），注意一圈都要熔焊好，不要留有缝隙或者孔洞，如图5-176所示。用挖洞掏弧面刀形中的圆形刀头雕蜡刀刮削熔焊处，让熔焊处光滑平整，如图5-177所示。

STEP 19

图 5-178

完成圆形背板的制作，如图5-178所示。

STEP 20

为圆形背板做一圈围边（非必要，有围圈会使整体造型更显精致），如图5-179所示。按个人喜好选取粗细合适的软蜡棍，找一根与浮雕背板直径一致的圆柱体，并在圆柱体上围一圈以上的软蜡棍（一定要有重叠的地方），如图5-180所示。用刮角刀形雕蜡刀在重叠处平直切割软蜡棍，如图5-181所示。取下软蜡棍并用焊蜡机熔焊接口处，熔焊后的效果如图5-182所示。

图 5-179

图 5-181

图 5-180

图 5-182

STEP 21

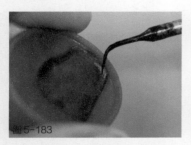

图 5-183

图 5-184

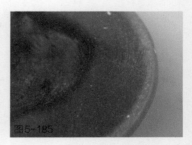

图 5-185

将软蜡棍套在圆形背板上并调整其位置，用焊蜡机在背面接缝处将两者熔焊成一体，如图5-183所示。翻转蜡件，用水磨砂纸画圈打磨底面（可以在水磨砂纸上倒少量的水再打磨，从而将底面打磨得更细腻平滑），如图5-184所示。打磨好后的圆形背板应当是一个看不出接缝的光滑平整的平面（也可以不打磨，保留圆环形状），如图5-185所示。

STEP 22

图5-186

完成圆形背板围边的制作，如图5-186所示。

STEP 23

图5-187　　　　　　　　　图5-188　　　　　　　　　图5-189

为浮雕蜡件制作用于佩戴的吊环。选取粗细合适的软蜡棍（软蜡棍粗细要与整体比例相协调），在直径相对较小的圆柱体上围一圈以上，确保软蜡棍有重叠的部分，如图5-187所示。使用刮角刀形雕蜡刀或其他锋利的刀形竖直切割蜡棍，如图5-188所示。取下完整的圆环，先不用急着熔焊接口，如图5-189所示。

STEP 24　　　　STEP 25

5-190

将圆环轻轻按压平整，让接口对准浮雕背板围边的正上方，并用焊蜡机熔焊连接处，如图5-190所示。

图5-191

完成浮雕造型吊坠的制作，如图5-191所示。

第 6 章

立体造型
雕蜡方法

CHAPTER 06

立体造型的雕蜡方法是在平面造型的雕蜡方法基础上更进了一步。本章
将立体造型雕蜡方法分为简易立体造型的雕蜡方法、立体镂空造型的雕
蜡方法和复杂立体造型的雕蜡方法 3 个部分，包含了 3 种立体造型纹理
雕刻和 3 种立体造型镂空方法。

简易立体造型的雕蜡方法

◆ 立体造型图案的定位与锯切

简易立体造型是指以两个面为主的立体造型（如只考虑正面和侧面弧度的造型）。这一类立体造型相对容易制作，与平面造型的雕蜡方法比较接近。

STEP 01

图6-1

立体造型图案的定位与平面造型图案的定位方法是一致的，只需要在雕刻面贴上图纸或者直接绘制。需要注意的是，立体造型的图案定位往往需要提前考虑两个面以上的定位位置和尺寸差异等细节。以蝴蝶造型为例，其造型相对比较简单，只需要考虑到正面的造型和翅膀翘起来的弧度。因此，在这个案例中，只需要提前准备好尺寸为1:1的蝴蝶正面造型的图纸（图纸为3种不同表面造型的蝴蝶图案），如图6-1所示。

STEP 02

用模型砂纸画圈打磨厚度合适的蜡片后，用白乳胶将图纸粘贴在蜡片上（与平面图案的定位方法相同）。用小号钻头为蝴蝶翅膀镂空的地方钻洞，如图6-2所示。钻好的洞应当在镂空图案的中间或靠近边缘的位置，注意不要破坏掉镂空图案的边缘，如图6-3所示。

图6-2

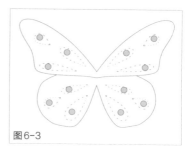

图6-3

STEP 03

将金属锯条穿过钻好的洞（因为金属锯条更为精细），沿着设定好的图案边缘线进行锯切，如图6-4所示。锯切后的图案应当是基本对称的，如图6-5所示。

图6-4

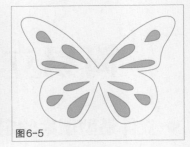

图6-5

STEP 04

图6-6

图6-7

图6-8

锯切好镂空的图案以后，可以开始沿着外侧边缘锯切了，如图6-6所示。在这个案例中需要注意的是，要先锯切内部细小镂空再锯切边缘形状，如果锯切好蝴蝶边缘形状后，再钻洞锯切内部的细节会不方便固定蜡片（因为蜡片太小且形状不规律）。仔细地锯切下蝴蝶的外轮廓后，可以轻轻撕掉图纸（蝴蝶图案较小，图纸很有可能在这一步就已经破碎了），如图6-7所示。对照图纸，检查蝴蝶造型的内部镂空细节和外轮廓的锯切情况，图纸如图6-8所示。

◆ 立体造型图案的锉修

STEP 01

选取截面为三角形的等边三角锉刀，用棱边的部位锉修蝴蝶图案的"腰部"，如图6-9所示。截面为三角形的等边三角锉刀的棱角会让蝴蝶的腰部形成一个倒三角形的凹槽，如图6-10所示。

图6-9

图6-10

STEP 02

图6-11

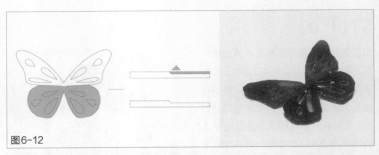

图6-12

使用平板锉来锉修蝴蝶翅膀的下半部分，如图6-11所示。锉修好后，可以从侧面看到一个较低的小平面错层，如图6-12所示。

STEP 03

图6-13

图6-14

图6-15

使用截面为三角形的等边三角锉刀的棱角处锉修蝴蝶中线的区域，如图6-13所示。锉修出明显的凹槽后，继续锉修凹陷区域与翅膀衔接的部位，让中间的过渡看起来圆滑自然，如图6-14所示。沿着凹陷的中缝将蝴蝶翅膀分为左右两个部分，如图6-15所示。

◆ 立体造型的熔焊

STEP 01

立体造型的熔焊往往需要使用绿泥或使用其他工具来辅助固定造型。在这个案例中，需要用绿泥将两只翅膀固定成倾斜的样子，如图6-16所示。使用焊蜡机从正面点焊住两只翅膀，为翅膀做初步的固定；从绿泥上拿起蝴蝶蜡件，翻到背面将两只翅膀熔焊结实，如图6-17所示。

图6-16

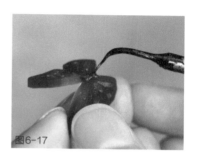

图6-17

STEP 02

检查熔焊处，在合适的位置为蝴蝶造型熔焊一个便于手持的"把手"，如图6-18所示。"把手"往往位于一个造型中相对平滑或突出的部位，尽量不要影响其他部位的雕刻，如图6-19所示。

图6-18

图6-19

◆ 蝴蝶翅膀的纹理制作

STEP 01

完成蝴蝶翅膀的熔焊后，开始为翅膀制作纹理。使用小号的球形雕刻针雕刻出翅膀表面的起伏变化（增加翅膀表面的起伏变化可以让翅膀看起来更生动），如图6-20所示。用小号的细节深入刀形雕蜡刀刻画翅膀上下两个部分的错层连接处，让翅膀的形态变化更加清晰，如图6-21所示。

图6-20

图6-21

STEP 02

图6-22

使用大小合适的球形雕刻针在翅膀表面刮削出方向一致的错落线条纹理（可以向中线聚拢），如图6-22所示。使用雕蜡机可以轻松制作出不同的纹理变化，具体可以参见第2章表面纹理的雕刻内容（为了更好地展示纹理式，这里展示的是3种蝴蝶图案中无镂空的图案）。

STEP 03

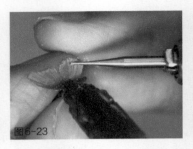

图6-23

轻轻捏住蝴蝶的一只翅膀，将手指垫在另一只翅膀的下方，以便为这只翅膀的背面雕刻纹理，如图6-23所示。在这一部分，垫在翅膀下方的手指起到了支撑和缓冲的作用，让易碎的翅膀部分不会轻易被损坏。

STEP 04

图6-24

为蝴蝶翅膀的侧面增添纹理细节，使用小号的球形雕刻针制作出细小的锤纹纹理，在制作纹理的同时可以将翅膀的边缘形状修饰得更加自然生动，如图6-24所示。

STEP 05

图6-25

用同样的方法处理带有镂空图案的蝴蝶蜡件，完成蝴蝶翅膀纹理的制作，如图6-25所示。

STEP 06

图6-26

用堆蜡的方法在蝴蝶身体的中线部位堆出一小段圆滑的凸起，塑造出蝴蝶的"身体"，如图6-26所示。

STEP 07

使用小号的细节深入刀形雕蜡刀对蝴蝶身体和翅膀的衔接部位进行修饰，如图6-27所示。对蝴蝶整体造型进行检查和调整，完成蝴蝶造型的制作，如图6-28所示。

图6-27

图6-28

STEP 08

图6-29

图6-30

锯切掉蝴蝶蜡件底部的"把手"，为安装可佩戴结构部件做好准备，如图6-29所示。根据需求为蝴蝶蜡件熔焊首饰佩戴结构，如图6-30所示。首饰中可佩戴结构部件的具体制作方法可以参见第8章的内容。

STEP 09

图6-31

完成3种不同表面图案的蝴蝶造型的制作，如图6-31所示。

立体镂空造型的雕蜡方法

◆ 立体镂空造型的定位与锯切

制作立体镂空造型比较考验对蜡件造型的预判能力，但准确的图纸和规范的雕蜡方法会降低制作难度。本节将以一条弯曲扭转的小蛇作为案例，让读者比较轻松地掌握立体镂空造型的定位与锯切方法。

STEP 01

准备好尺寸为1:1的图纸。在这个案例中，需要分别准备两个面的图纸，如图6-32所示。在准备立体造型的图纸时，两个面的图纸是尺寸一致且造型准确的，需要考虑到正面造型和背面造型的前后关系和连接。比如在这个案例中，需要提前想好小蛇盘旋扭转的造型路径。想让图案准确且合理，可以在绘制图纸前用橡皮泥之类的可塑性材料快速进行造型模拟捏制，以便作为参考。

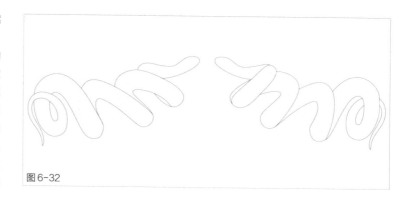

图6-32

STEP 02

图6-33

根据图纸准备尺寸合适的蜡块,如图
6-33所示。准备蜡块时,不光要考虑
宽度和长度,整体造型的厚度也要考
虑到。

STEP 03

图6-34

分别完成贴图纸、扎点定位、连线的基础定位步骤,注意要把立体造型的扭转
走向定位好。为了方便下一步雕刻,可以用黑色的油性记号笔把图纸上的造
型还原出来。在这个案例中,一定要格外注意小蛇造型的变化,定位效果如图
6-34所示。

STEP 04

沿着边缘线将图案锯切下来,如图
6-35所示。

图6-35

◆ 立体镂空造型的雕刻

STEP 01

图6-36

用外沿画线的方法在蜡件上画出两条线,用于标示小蛇身体的宽度,如图6-36所示。

STEP 02

完成中线的标示后,继续在小蛇蜡件
的身体上进行标示。在蜡件的左右两
个面的中线部位标示出小蛇身体的宽
度,如图6-37所示。两次标示工作是
为了方便后续快速锉修出小蛇身体的
大致形态。

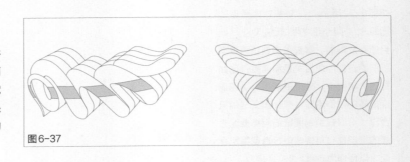

图6-37

STEP 03

图6-38

使用平板锉锉修未被标示的折角处，尽量将小蛇蜡件锉修成盘旋扭转的形状，如图6-38所示。

STEP 04

图6-39

完成小蛇造型的初步塑造。锉修后的小蛇蜡件雏形应当是能够看出小蛇盘旋卷曲的形态的，如图6-39所示。

STEP 05

图6-40

图6-41

使用大号细节深入刀形雕蜡刀切削不够平整的截面，如图6-40所示。切削的作用是让锯切得不够平整的地方变得平滑顺畅，从而让小蛇蜡件的形态更加清晰形象，如图6-41所示。

STEP 06

使用平板锉和模型砂纸将小蛇蜡件打磨得光滑平整，如图6-42所示。

图6-42

STEP 07

图6-43

图6-44

图6-45

使用柱形雕刻针或大号直牙雕刻针将小蛇身体上每个转折处的棱角打磨圆滑，如图6-43所示。使用模型砂纸在转折处进行打磨，如图6-44所示。这一步的目的是将带有棱角的小蛇蜡件快速塑造成圆滑的形态，如图6-45所示。

STEP 08

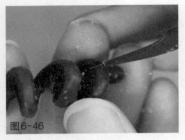

图6-46

图6-47

使用挖洞掏弧面刀形中的弧形雕蜡刀对小蛇蜡件进行刮削，如图6-46所示。用同样的方法对小蛇蜡件卷曲的内侧进行雕刻，尽量保证小蛇身体能够从粗到细缓慢变化，如图6-47所示。

STEP 09

图6-48

对整体形态进行调整，尤其是调整头部的造型，如图6-48所示。

◆ 小蛇造型的纹理制作

STEP 01

图6-50

为小蛇蜡件制作纹理前，要先确认背部图案和腹部之间的分界线。确认分界线是为了能够在刻画纹理前做好定位和标示转折，让后续的工作相对轻松。使用小号的细节深入刀形雕蜡刀轻轻铲出分界线，如图6-49所示。接下来按照设计好的花纹图案为小蛇雕刻出纹理，继续使用小号细节深入刀形雕蜡刀轻轻铲出图案线条，如图6-50所示。

STEP 02

图6-51

用滴蜡的方法为小蛇制作眼睛（与第5章猴子浮雕眼睛的制作方法相同），如图6-51所示。这一步需要格外集中精力，尽量保证两侧眼睛的位置和大小相同，并注意个人安全，防止烫伤。

STEP 03

图6-52

使用细节深入刀形雕蜡刀铲出小蛇身体上的图案线条，如图6-52所示。在为小蛇蜡件制作纹理时一定要注意双手的力度，一只手轻握小蛇，以起到支撑和固定的作用，另一只手铲刻图案时也要避免过度或突然发力，尽量运用沉稳缓慢的力度。

STEP 04

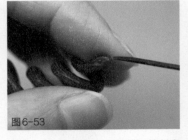

图6-53

使用小号细节深入刀形雕蜡刀铲刻出嘴巴等细节，如图6-53所示。

STEP 05

图6-54

调整小蛇蜡件整体的形态，完成小蛇造型的制作，如图6-54所示。

复杂立体造型的雕蜡方法

◆ 复杂立体造型的定位与雏形塑造

　　复杂立体造型是指 3 面或 3 面以上都有不规则边缘形状的立体造型。制作这类造型不能完全靠前两种立体造型的雕蜡方法进行精准定位和形态塑造，更多是考验雕刻者塑造造型的能力，雕刻者需要经过相对较长时间的雕刻练习才能很好地掌握其雕蜡方法。本节选取了经典的头骨造型，可让读者比较清晰地了解复杂立体造型的雕蜡方法与步骤。头骨造型经常出现在珠宝设计和艺术作品中，很适合在进阶阶段进行练习。

STEP 01

准备尺寸为1:1的图纸。绘制精准的图纸在制作前期和后期都会起到比较重要的作用，也是在雕蜡前尽量了解造型结构的保证，如图6-55所示。

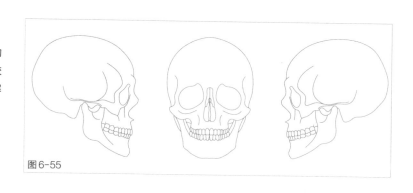

图6-55

STEP 02

图6-56

按照图纸的大小准备尺寸合适的蜡块，如图6-56所示。

STEP 03

图6-57

图6-58

选取一个面的图纸进行常规的贴图纸、扎点定位的操作。这个案例选取的是形状起伏变化较大的头骨侧面图纸进行定位，定位效果如图6-57所示。定位好以后可以进行锯切、打磨等常规操作，如图6-58所示。

STEP 04

图6-59

图6-60

对头骨造型的正面进行定位。首先对图纸进行观察，并用油性记号笔在蜡件上画出大致的形状，如图6-59所示。这一步的定位可以参照上一步锯切出的头骨侧面起伏结构进行，这些起伏结构可以辅助我们更轻松地找到正面造型的各处结构位置。使用平板蜡锉刀快速锉修掉蜡件的边缘棱角处，到这一步，我们就可以得到一个头骨造型的蜡件雏形了，如图6-60所示。

◆ 复杂立体造型的塑造

STEP 01

图6-61

图6-62

图6-63

在蜡件雏形的基础上进行雕刻。可以先雕刻出眼睛、鼻子、眉骨等结构的大致形状，如图6-61所示。继续雕刻出牙齿、下颌骨等结构的大致形状，如图6-62所示。对各部位继续进行细化，雕刻出眼眶、颧骨等结构，并用模型砂纸进行打磨，如图6-63所示。

STEP 02

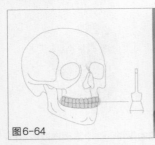

图6-64

图6-65

使用小号细节深入刀形雕蜡刀铲刻出牙齿，如图6-64所示。铲刻好牙齿后，可以仔细掏空清理"口腔"部位的蜡，继续强化下颌骨和牙床等部位的结构，如图6-65所示。

STEP 03

图6-66

图6-67

使用小号的挖洞掏弧面刀形中的圆形刀头雕蜡刀轻掏头骨两侧凹陷的结构部位，如图6-66所示。使用模型砂纸画圈打磨，完成初步的造型塑造，如图6-67所示。

STEP 04

完成初步的造型塑造后，使用小号球形雕刻针对细节进行刻画，如刻画一些细小的转折等结构，如图6-68所示。

图6-68

STEP 05

使用小号的挖洞掏弧面刀形中的圆形刀头雕蜡刀加深眼眶，如图6-69所示。这里需要注意的是，加深眼眶的工作需要在掏空头骨的步骤之前完成。

图6-69

STEP 06

图6-70

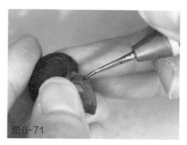

图6-71

在正式掏空头骨内部的蜡之前，需要用小号的挖洞掏弧面刀形中的圆形刀头雕蜡刀对凹陷处的结构做最后的刻画，如图6-70所示。这一步需要格外注意双手的力度并注意手指的位置，尽量使其起到保护和支撑蜡件的作用，如图6-71所示。

STEP 07

对整体造型进行调整，使用模型砂纸进行整体打磨。打磨时尽量避开牙齿等细小的部位。完成头骨造型的塑造，如图6-72所示。

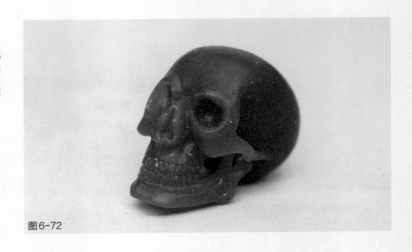

图6-72

◆ 头骨造型的掏空和纹理制作

STEP 01

对蜡件做掏空处理是很常见的制作流程。一方面，掏空的蜡件相对较轻，可以很好地控制成本；另一方面，很多用来佩戴的首饰部件不宜过重，掏空的蜡件能有效控制所使用的金属的重量。掏空的主要方法有两种，一种是第5章平面造型中制作浮雕造型时使用的掏空方法，另一种是适用于这类封闭立体造型的掏空方法。后一种方法需要将蜡件从较为平滑、无细节的位置锯切开，如图6-73所示。

图6-73

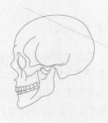

STEP 02

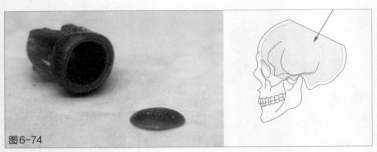

图6-74

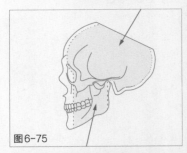

图6-75

使用大号球形雕刻针掏出坑洞。这里的方法和浮雕造型的掏空方法类似，只是更需要留意掏空的厚度和位置，注意保留一定的壁厚，如图6-74所示。在这个案例中，可以从上下两个方向同时掏空头骨，如图6-75所示。

STEP 03

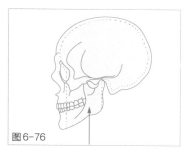

图6-76

将锯掉的顶盖熔焊回原来的位置，头骨内会形成一个开放的空腔，如图6-76所示。立体造型的掏空需要留有一定大小的空洞，不能完全封闭。结合铸造的原理，铸造成空腔的必要条件是在蜡件上留有一个供石膏流进的通道。

STEP 04

图6-77

使用小号的球形雕刻针为已经完成掏空步骤的头骨刻画上接缝纹理。接缝的位置可以提前用油性记号笔标示，然后缓慢、仔细地用大小合适的雕刻针画出不规则的条纹，如图6-77所示。这一步需要将雕蜡机的转速调低，使用小号球形雕刻针在低速下画线，从而在头骨上制作出一种独特的纹理线条，适用于塑造接缝的质感。

STEP 05

对头骨造型做最后的调整，使用尖锐的工具加深牙齿等结构的细节，如图6-78所示。

图6-78

STEP 06

图6-79

完成头骨造型的制作，如图6-79所示。

◆ 头骨造型的应用

STEP 01

头骨元素在首饰作品中经常出现，本小节将结合软蜡花朵和蝴蝶，完成两个相对完整的造型。锯切头骨蜡件，并平放在水磨砂纸上，按顺序使用400#、600#、1200#型号水磨砂纸，用砂纸把切口打磨平整，如图6-80所示。这里的蓝色头骨是用蜡翻制的方法复制的，具体的翻制方法可以参见第9章的内容。

图6-80

STEP 02

图6-81

使用小号球形雕刻针掏出坑洞，注意保留一定的蜡壁厚度（控制在0.8mm~1.5mm），如图6-81所示。

STEP 03

图6-82

制作尺寸合适的软蜡花朵，如图6-82所示。软蜡花朵的具体制作方法可以参见第7章的内容。

STEP 04

使用小号钻针在想要安装花朵的地方钻孔，如图6-83所示。将带有硬蜡棍的花朵从孔洞中穿过并熔焊结实，如图6-84所示。

图6-83

图6-84

STEP 05

图6-85

对花朵的布局进行调整，完成花朵与头骨的组合造型，如图6-85所示。

STEP 06

图6-86

根据头骨的大小准备尺寸合适的蝴蝶蜡片，如图6-86所示。这里的蓝绿色头骨是用蜡翻制的方法复制的，具体操作可参见第9章的内容。

STEP 07

图6-87

图6-88

完成立体蝴蝶的制作，如图6-87所示。将蝴蝶熔焊在合适的头骨位置上，如图6-88所示。注意控制手的力度，避免捏碎蜡件。

STEP 08

为所有的蝴蝶合理地规划位置，可以在头骨后脑处雕刻一个镂空图案以减轻重量，完成蝴蝶与头骨的组合造型，如图6-89所示。

图6-89

第 7 章

软蜡的
应用

CHAPTER 07

软蜡是指可直接用手塑形的较软的蜡材。软蜡因其柔软、熔点低的特性,
非常适用于制作自然形态的造型和压制纹理。市面上的软蜡一般分为不
同厚度的软蜡片和不同粗细的软蜡棍两类,既可以单独使用,也可以和
硬蜡结合,创造一些带有特殊效果的作品。一些通过不同配比配制的软
蜡,可以像橡皮泥一样塑形。

软蜡的裁切与熔焊

◆ 软蜡的裁切

　　软蜡因其柔软的特性，非常容易修剪，用锋利的小剪刀就可以轻松地裁切出各种形状。本节将以裁切和熔焊为主要方法，完成小雏菊戒指的制作。

STEP 01

图7-1

在裁切软蜡片之前，需要提前想好需要制作的尺寸。最好提前准备尺寸一致的草图，如图7-1所示。

STEP 02

图7-2

软蜡的熔点相对较低，会出现粘手、粘工具的情况。在对软蜡片进行操作前，需要用小刷子或者棉球给软蜡片刷上一层爽身粉，如图7-2所示。刚开始使用软蜡片时要格外仔细，尽量避免用指甲或其他尖锐物体触碰蜡片（过硬的物体会在软蜡片表面留下凹陷或划痕）。

STEP 03

使用锋利的小剪刀像剪纸一样修剪出花瓣的形状，如图7-3所示。重复裁剪多片花瓣，手工裁剪的尺寸差异会让花瓣的造型更加生动，如图7-4所示。

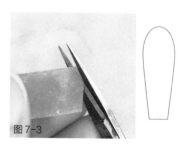

图7-3

图7-4

STEP 04

图7-5

裁剪会让花瓣边缘出现一些细小的棱角。用手指的指腹轻轻在棱角处滑动，会快速抚平棱角，让花瓣变得圆润，如图7-5所示。

STEP 05

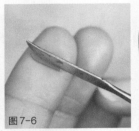

图7-6

图7-7

把需要压制纹理的花瓣放在柔软的指腹上，用钝一些的工具压出棱线（锋利的雕蜡刀会很容易切断软蜡片），如图7-6所示。软蜡片非常易塑形，压好棱线的花瓣会自然地翘起来，如图7-7所示。

◆ 软蜡戒指的制作

STEP 01

确定戒指的尺寸。选取粗细合适的软蜡棍，将其缠绕在戒指棒上并轻轻拉紧，如图7-8所示。用锋利的手术刀竖直切断多余的软蜡棍，如图7-9所示。

图7-8

图7-9

STEP 02

用手轻轻弯起软蜡棍的一端，如图7-10所示。让翘起的软蜡棍与戒指棒保持垂直的状态，如图7-11所示。

图7-10

图7-11

STEP 03

将软蜡棍翘起的一端熔焊成扁圆的形状，以作为花蕊，如图7-12所示。熔焊软蜡棍不需要过高的温度，将焊蜡机调整至110℃左右就可以了，如图7-13所示。

图7-12

图7-13

◆ 软蜡花瓣的熔焊

STEP 01

图7-14 图7-15

将绿泥搓成条状，粘取压好棱线的软蜡花瓣，如图7-14所示。绿泥柔软可塑且有一定的黏性，非常适合轻柔地粘取软蜡。仔细地熔焊第1片花瓣，如图7-15所示。一般在熔焊第1片花瓣之前就可以先考虑好所有花瓣的布局，然后按照一定的次序将它们熔焊在戒指上。

STEP 02

优先熔焊对角线上的4片花瓣，这样会更好地控制花瓣的布局，如图7-16所示。

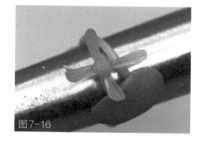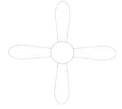

图7-16

STEP 03

在对角线花瓣内的空位熔焊4片花瓣，如图7-17所示。

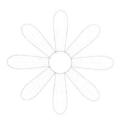

图7-17

STEP 04

用软头小镊子调整花瓣的形状，如图7-18所示，这里用到的是与隐形眼镜配套的硅胶头小镊子。使用锋利的小剪刀修剪花瓣与花蕊连接的地方，如图7-19所示。

图7-18 图7-19

STEP 05

按照同样的顺序熔焊第2圈花瓣，这次的花瓣可以熔焊在刚才那一圈花瓣的上层空隙处，如图7-20所示。

图7-20

STEP 06

图7

按照顺序完成上层花瓣的熔焊，如图7-21所示。

STEP 07

图7-2

使用焊蜡机将花蕊处的扁圆边缘修饰成饱满的形状，如图7-22所示。

◆ 软蜡花蕊的熔焊

STEP 01

为软蜡小雏菊熔焊球状花蕊。用取硬蜡时的方法取蜡，一般是用焊蜡机的金属头直接在蜡块上粘取，但软蜡熔点较低，用取硬蜡的方法不好控制粘取的蜡量。因此，我们在这一步需要提前准备好体量大致相同的小蜡粒。这里选取的是一小段软蜡根，用刀类工具将其切割成小蜡粒的形态，如图7-23所示。

图7-23

STEP 02

使用焊蜡机金属头粘取小蜡粒，每次粘取一个即可。这一步需要将焊蜡机的温度调整到80℃左右或更低，这样的温度更适合使用滴蜡的方法制作蜡滴小球，如图7-24所示。

图7-24

STEP 03

图7-25

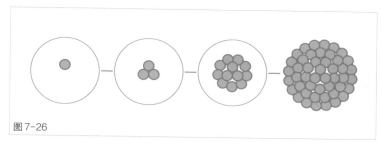

图7-26

粘取小蜡粒，在花蕊上用滴蜡的方法熔焊小球，如图7-25所示。熔焊小球时可以遵照一定的次序，仔细熔焊定位好第1个小球，直到小球的数量能够覆盖花蕊的表面，如图7-26所示。在花蕊与花瓣衔接的地方也熔焊一圈小球，让花蕊的形状尽量生动、饱满一些，如图7-27所示。

图7-27

◆ 软蜡的硬化处理

STEP 01

为了保护柔软脆弱的软蜡件，对制作好的软蜡作品往往需要做硬化处理或再送到工厂里铸造。在做硬化处理前，需要用硅胶头的小镊子对小雏菊做最后的调整，尽量分离贴在一起的花瓣，如图7-28所示。在这一步不用担心镊子会破坏花朵的造型，因为铸造成金属后可以再进行调整。

图7-28

STEP 02

图7-29

图7-30

软蜡的硬化方法是在蜡件表面增加一个保护层，这里用的是3秒胶。在3秒胶的瓶口套上细长的鼠尾管（一般会配套出售），在花瓣上滴上少量的胶水，如图7-29所示。从图7-30中能够很明显地看到滴在花瓣表面的胶水。胶水不要滴得过多，能够覆盖花瓣表面就可以了。

STEP 03

图7-31

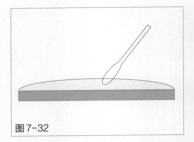

图7-32

图7-33

用搓成尖头状的纸巾或棉签快速吸掉多余的胶水，如图7-31所示。胶水的风干速度非常快，可以在做硬化处理前就准备好搓成尖头状的纸巾或棉签，当滴下的胶水形成覆盖住花瓣表面的一小团凝胶状物体时，就可以用纸巾或棉签快速将其吸掉。这里一定要注意，用纸巾或棉签吸掉胶水就可以了，不要碰到蜡件的表面，如图7-32所示。让纸巾或棉签与蜡件表面留有一段距离，这样吸掉多余的胶水后就不会在花瓣上留下任何痕迹，只会在花瓣表面出现一层均匀的亮膜，如图7-33所示。

STEP 04

图7-34

做好硬化处理的软蜡可以从戒指棒上轻轻取下，完成小雏菊戒指的制作，如图7-34所示。

STEP 05

铸造成金属后的小雏菊戒指依然会保持蜡件原有的形态，不会过度变形，如图7-35所示。

图7-35

软蜡的压制与组合

◆ 软蜡花瓣的压制

软蜡很适合借助一些塑形物或裁切工具完成创作。本节将以模具压制和组合为主，完成玫瑰花的制作。

STEP 01

图7-36

为玫瑰花绘制草图。这里的草图不需要绘制得过于精密，只要有玫瑰花的基础形态就可以了，如图7-36所示。

STEP 02

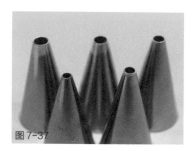

图7-37

为玫瑰花的圆形花瓣准备相应的模具，既可以准备制作软陶的模具，也可以准备一些替代模具。这里准备的是做蛋糕用的不同尺寸的裱花嘴，如图7-37所示。

STEP 03

用软毛刷在平整的软蜡片上均匀地刷上爽身粉，如图7-38所示。在模具的切口处也蘸上爽身粉，如图7-39所示。

图7-38

图7-39

STEP 04

图7-40　　　　　　图7-41　　　　　　图7-42

在软蜡片下面垫一张光滑的塑料片或油纸（这里用的是烘焙纸，它有非常光滑细腻的面），用模具向下用力压出圆形，如图7-40所示。压好的圆片会偶尔卡在模具的切口处，如图7-41所示。用柔软的工具轻轻地把圆片戳下来，这里用的是软毛刷，如图7-42所示。

STEP 05

切下来的圆片应当是完整无残缺的，如图7-43所示。

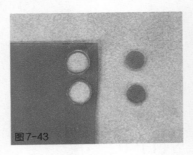 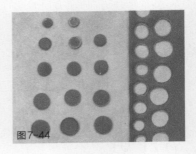

STEP 06

用不同尺寸的模具压制出不同大小的圆片，如图7-44所示。

图7-43　　　　　　图7-44

STEP 07

在手指上涂抹爽身粉，用指腹轻轻按压圆片，如图7-45所示。按压圆片的目的是让圆片的边缘变薄，形成自然的渐变效果。因此，按压时不需要按压圆片的中心区域，只需把圆片的边缘压薄就可以了，如图7-46所示。

 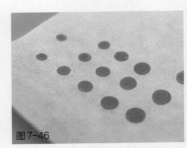

图7-45　　　　　　图7-46

◆ 软蜡花瓣的组合

STEP 01

接下来将花瓣组合起来，熔焊成一朵玫瑰花。准备一根硬蜡棍，用焊蜡机的金属头熔烫硬蜡棍的一端，如图7-47所示。熔烫好的硬蜡棍一端是圆润的。这一步是为了在熔焊花瓣时不会在软蜡花瓣上产生压痕。硬蜡棍的效果如图7-48所示。

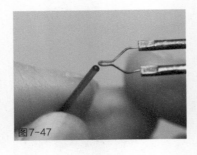 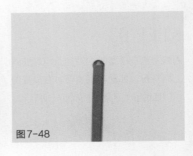

图7-47　　　　　　图7-48

STEP 02

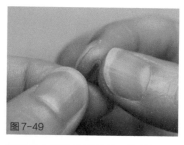
图7-49

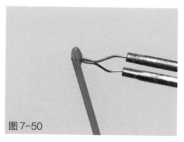
图7-50

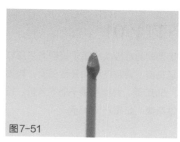
图7-51

选取最小号的软蜡圆片，将其轻轻地包裹在硬蜡棍的一侧，如图7-49所示。用焊蜡机在圆片和硬蜡棍的交界处进行熔焊，如图7-50所示。软蜡的低熔点会让花瓣在熔焊后形成自然的弧度，如图7-51所示。

STEP 03

图7-52

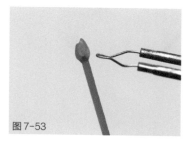
图7-53

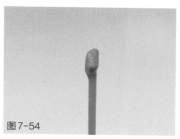
图7-54

在上一片花瓣的对面包裹大一号的圆片，如图7-52所示。对第2层花瓣进行熔焊，只需熔焊花瓣下方与蜡棍连接的地方，如图7-53所示。继续在上一片花瓣的对面或旁边裹压圆片，这一次的包裹不需要按压花瓣上面的部分，而是让花瓣形成自然的开口，如图7-54所示。

STEP 04

图7-55

每包裹2~3个同尺寸的圆片后更换大一号的圆片，以叠压（一层压一层）的方式包裹、熔焊，完成玫瑰花雏形的制作，如图7-55所示。

◆ 软蜡花瓣的塑形

STEP 01

用柔软的硅胶头小镊子轻轻向下压软蜡花瓣，调整花瓣的开合程度，如图7-56所示。继续用镊子向下弯折、拉皱花瓣，如图7-57所示。

图7-56

图7-57

STEP 02

内侧的花瓣无法用镊子弯折时，可以使用小号的棉签轻轻向下压，如图7-58所示。对花瓣进行调整，完成玫瑰花的制作，如图7-59所示。

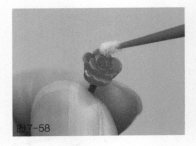

图7-58

图7-59

STEP 03

图7-60

根据制作原理，通过调整花瓣的数量可以制作出不同造型、不同大小、不同形态的玫瑰花，如图7-60所示。

软蜡的编织

◆ 软蜡的软化与搓丝

软蜡中的软蜡棍有不同的粗细，可以根据需求进行选取。软蜡棍非常适合用编织的方法做出各种造型。

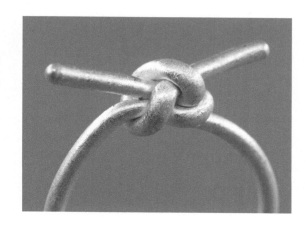

STEP 01

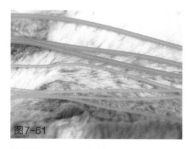

图7-61

软蜡棍有一定的韧性，但是要想自由地弯折、做造型，需要提前做好软化工作。软化软蜡只需要一个热水袋或其他有较高温度的工具，这里使用的是有隔热布的热水袋。将软蜡棍放在隔热布上（直接放在加热源处会让软蜡棍过热而熔化），让软蜡棍变得柔软可塑，如图7-61所示。

STEP 02

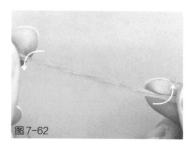

图7-62

取两根软蜡细棍，两端用双手的拇指和食指捏住并向相反的方向搓动，将两根软蜡棍缠绕在一起，如图7-62所示。

STEP 03

图7-63

轻柔缓慢地搓动，直到将两根软蜡棍揉搓到理想的状态，如图7-63所示。

STEP 04

软蜡棍的韧性较好，可以通过不同次数的揉搓产生不同的效果，如图7-64所示。

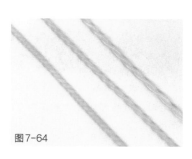

图7-64

◆ 软蜡打结戒指的制作

STEP 01

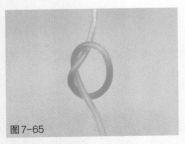

图7-65

软化软蜡棍，松松地给软蜡棍打一个结，如图7-65所示。

STEP 02

图7-66

用手拉着软蜡棍的两端，慢慢收紧，这一步一定要轻、缓、均匀发力，如图7-66所示。

STEP 03

图7-67

轻轻地将软蜡棍放在戒指棒合适的戒指型号位置，用手将其围成圆形，如图7-67所示。

STEP 04

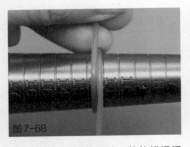

图7-68

用手拉住软蜡棍的两端，将软蜡棍缓缓收紧成左右平行的状态，如图7-68所示。

STEP 05

图7-69

使用刮角刀形雕蜡刀在软蜡棍平行的位置竖直切下，如图7-69所示。

STEP 06

图7-70

切口处应当是平整且能够对齐的，如图7-70所示。

STEP 07

图7-71

使用焊蜡机熔焊切口，如图7-71所示。

STEP 08

图7-72

取下戒指，完成软蜡打结戒指的制作，如图7-72所示。软蜡打结戒指会微微变形，可以在铸造成金属以后进行调整。

STEP 09

图7-73

铸造成金属后的软蜡打结戒指会保持清晰的结构关系，如图7-73所示。

◆ 软蜡绳结戒指的制作

STEP 01

在戒指棒上确定戒指的尺寸，软化软蜡棍并将软蜡棍围在戒指棒上面，将右侧的软蜡棍从左侧下方穿过，弯折左侧软蜡棍的一端，如图7-74所示。

图7-74

STEP 02

将右侧的软蜡棍从左侧的软蜡棍后方穿过，如图7-75所示。在这个案例中，需要随时对软蜡棍做软化，可以用带有隔热布的热水袋轻轻贴在上面，几秒后移开。软蜡棍在软化后会非常柔软，但韧性会相应下降，因此需要有耐心地轻轻弯折软化后的软蜡棍，强行拉扯容易弄断软蜡棍。

图7-75

STEP 03

将右侧的软蜡棍再穿回中间并轻轻拉紧，如图7-76所示。

图7-76

STEP 04

剪掉过长的软蜡棍，如图7-77所示。使用焊蜡机将软蜡棍的切口处熔烫圆润，如图7-78所示。

图7-77

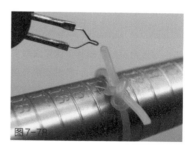

图7-78

STEP 05

取下戒指，完成软蜡绳结戒指的制作，如图7-79所示。

STEP 06

软蜡打结戒指和软蜡绳结戒指案例皆选取了直径为2mm左右的软蜡棍，铸造前无须做硬化处理。铸造成金属后的软蜡绳结戒指会保持清晰的结构关系，如图7-80所示。

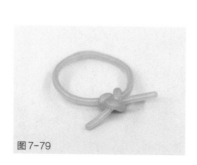

图7-79

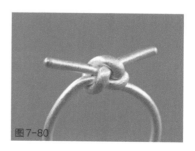

图7-80

软蜡表面纹理的制作与应用

◆ 软蜡褶皱纹理的制作与应用

软蜡因其柔软的特性，非常适用于制作相对自然的特殊纹理。

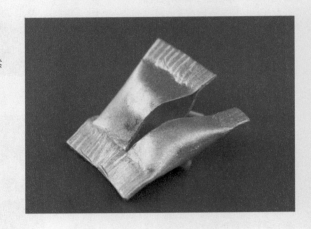

STEP 01

图7-81

挑选厚度合适的软蜡片（这里选取了0.5mm厚的软蜡片），并给软蜡片涂抹上爽身粉。揉捏会快速去除软蜡片表面的爽身粉，因此可以在刚开始时多涂抹一些，如图7-81所示。

STEP 02

图7-82

图7-83

揉捏软蜡片要逐步、缓慢地进行，刚开始可以先轻轻地把软蜡片揉成较为松散的一团，如图7-82所示。再补涂一层爽身粉，轻轻地捏紧软蜡团，注意不要过于用力，如图7-83所示。

STEP 03

补涂爽身粉后，缓慢轻柔地展开软蜡片，直到将带有自然褶皱纹理的软蜡片展平，如图7-84所示。完成褶皱纹理的制作。

图7-84

STEP 04

图7-85

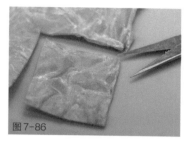

图7-86

图7-87

挑选大小合适的异形珍珠，如图7-85所示。根据珍珠的大小将带有褶皱纹理的软蜡片裁剪成正方形的小块，如图7-86所示。修整软蜡片的边缘，并将珍珠放置在软蜡片相对凹陷的部位，如图7-87所示。

STEP 05

用手轻轻地将软蜡片包裹在珍珠的外面，轻柔地按压软蜡片，如图7-88所示。注意不要捏得过于紧，保持开放的形态即可（捏得过紧会导致铸造成金属后无法放入珍珠），如图7-89所示。

图7-88

图7-89

STEP 06

将包裹着珍珠的软蜡片翻过来，熔焊上耳钉棍，如图7-90所示，具体方法可以参见第8章制作耳钉的内容。

STEP 07

完成带有褶皱纹理的自由镶嵌造型耳钉的制作，如图7-91所示。

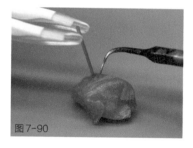

图7-90

图7-91

◆ "包装袋"纹理的压制与应用

STEP 01

裁剪用来做"包装袋"的软蜡片，并在其表面涂抹少量爽身粉，确保折叠后软蜡片的尺寸能包住作为"糖豆"的珍珠即可，如图7-92所示。

图7-92

STEP 02

对折软蜡片，将其轻轻覆盖在珍珠上，如图7-93所示。用橡皮泥或其他材质较为柔软的物品轻轻碾压软蜡片与珍珠交叠的部位，直到出现明显的凸起。注意轻轻按压珍珠周围区域，不要压实，而要留有一定的空隙，如图7-94所示。

图7-93

图7-94

STEP 03

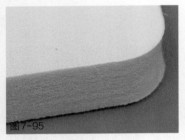

图7-95

图7-96

图7-97

准备一个有弹性的海绵垫或其他有一定厚度和弹性的垫板，如图7-95所示。轻轻擦掉软蜡片内侧边缘处的爽身粉（为了方便重叠的软蜡片粘连在一起），用带有棱边的小棒缓慢仔细地滚动碾压软蜡片，如图7-96所示。软蜡片柔软且有一定的塑形能力，使用带有棱边或纹理的工具可以压制出不同的形状。这里用的是带有棱条状凸起的笔杆，使用工具缓慢滚动压制软蜡片，直到将两侧的边缘都压制出纹理，如图7-97所示。

STEP 04

图7-98

图7-99

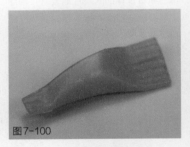

图7-100

取出珍珠并将开口轻轻扩大，注意不要破坏外侧有珍珠压痕的部位，如图7-98所示。压制过的边缘会自然黏合在一起，如果因涂抹了过量的爽身粉或忘记擦除爽身粉而无法粘连，可以用焊蜡机仔细地熔焊边缘。用锋利的小剪刀修剪斜边，让"包装袋"看起来利落而齐整，如图7-99所示。用同样的方法制作"包装袋"的另一半，可以做得窄一些，让"包装袋"看起来更有趣，如图7-100所示。

STEP 05

修剪"包装袋"的两个边缘，让切角角度尽量一致，如图7-101所示。

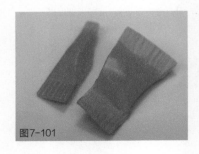

图7-101

STEP 06

使用焊蜡机仔细熔焊一侧的连接处，如图7-102所示。使用压制工具将熔焊后的纹理补充完整，如图7-103所示。

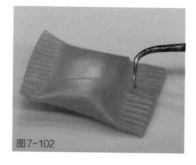

图7-102

图7-103

STEP 07

轻轻掰开"包装袋"，将其调整到半开放的状态，如图7-104所示。放入珍珠，继续调整开口处的形状及珍珠露出的面积。完成"包装袋"的制作，如图7-105所示。

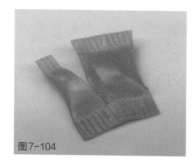

图7-104

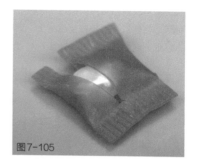

图7-105

STEP 08

图7-106

为了方便后续铸造及嵌入珍珠，可以轻轻地上下错位掰开"包装袋"的左右两侧，如图7-106所示。

STEP 09

图7-107

这种袋状结构或者内部有一个空腔的蜡件在铸造时存在一定的隐患，从原理上来说，为空腔预留足够大的开口（至少2mm以上）是铸造成功的关键。在这个案例中，将开口处尽可能错开可以大大提高铸造的成功率，最终效果如图7-107所示。

◆ 软蜡纹理的压制

STEP 01

软蜡柔软且有一定的厚度，可以被压制出有层次的纹理图案。准备相对厚一些的软蜡片，这里选取的是1mm厚的软蜡片，如图7-108所示。为了保证压制过程中不粘连工具，可以在软蜡片上多涂抹一些爽身粉，如图7-109所示。

图7-108

图7-109

STEP 02

图7-110

图7-111

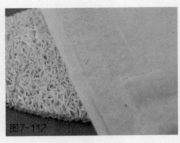
图7-112

准备带有纹理且可用于碾压的物件，检查物件表面是否有过于尖锐的凸起。这里选取的是处理平整的丝瓜络，如图7-110所示。将软蜡片平放在丝瓜络上，软蜡片不超过丝瓜络的大小范围，如图7-111所示。在软蜡片上方再铺一张纸，铺普通的纸张或烘焙纸都可以，如图7-112所示。

STEP 03

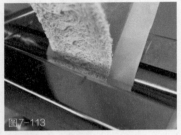
图7-113

调整压片机的紧实度，并将准备好的丝瓜络、软蜡片、纸张一起放入压片机中，压制出纹理，如图7-113所示。本案例使用的是制作软陶片的压片机，也可以用擀面杖或圆棍代替。

STEP 04

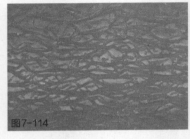
图7-114

压制时的用力程度不同会有不同的效果，可以尽可能多地做尝试并找到理想的效果，如图7-114所示。

STEP 05

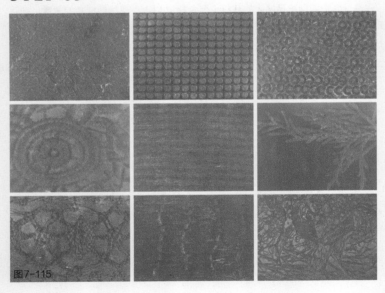
图7-115

拥有不同纹理的物件会压制出不同的效果，面料、塑料片、植物等都有独特的纹理细节，如图7-115所示。

首饰结构
雕蜡方法

CHAPTER 08

首饰中常见的种类有耳钉、胸针、吊坠等，分别对应耳钉棍、胸针背针、
吊环等首饰的常见结构。首饰的佩戴结构可以用金工工艺完成，也可以
在雕蜡过程中完成一部分。本章将常见的首饰结构与特殊的首饰结构进
行了大致的分类，列举了几种可以用雕蜡的方法完成的结构案例，帮助
读者快速、高效地完成首饰结构的制作。

常见首饰结构的雕蜡方法

◆ 耳钉棍的雕蜡方法

常见的首饰结构以简洁的针状结构和环状结构为主,可以作为耳钉、胸针、吊坠的结构部件。

STEP 01

制作蝴蝶耳钉棍前,需要提前处理好蝴蝶背面的细节、纹理等,如图8-1所示。

STEP 02

取下支撑结构,使用截面为三角形的等边三角锉刀修整蝴蝶背面不平整的地方,如图8-2所示。

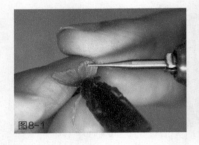

图8-1

图8-2

STEP 03

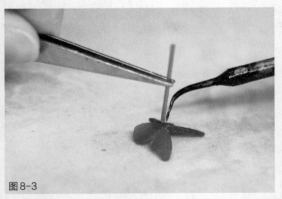

图8-3

图8-4

取直径为0.6mm或0.7mm的蜡棍,将蜡棍精细地熔焊在蝴蝶的背部,如图8-3所示。在这个部分需要注意两点:一是这里选用的蜡棍是较短的硬蜡棍,不是细长的软蜡棍;二是蜡棍较细不好拿捏,可以借助小镊子夹取或者用橡皮泥粘取。蜡件较为脆弱,固定蜡棍的时候不可过分用力,轻轻搭好即可。初步熔焊后,可以不断变换角度,进一步填充缝隙,确保蝴蝶与蜡棍熔焊紧密,如图8-4所示。

STEP 04

图8-5

图8-6

图8-7

用小剪刀剪掉过长的蜡棍部分，如图8-5所示。轻轻捏住蜡棍，用精细的截面为三角形的等边三角锉刀将修剪处锉磨圆滑，如图8-6所示。使用较细的模型砂纸画圈打磨蜡棍，确保蜡棍末端是圆滑不伤手的，如图8-7所示。

STEP 05

完成蝴蝶耳钉的制作，如图8-8所示。

图8-8

◆ 背针结构的雕蜡方法

STEP 01

图8-9

制作胸针背针的方法与制作耳钉棍的方法相同。选取直径为1.1mm或1.2mm的硬蜡棍，将其修剪成1cm左右长的短针。使用平板锉打磨蜡棍末端，将其锉修成短小的尖头，如图8-9所示。使用模型砂纸将蜡棍末端打磨至不划手即可。

STEP 02

图8-10

完成蝴蝶胸针的制作，如图8-10所示。

STEP 03

铸造成金属后的蝴蝶胸针如图8-11所示。这种一体铸造完成的方法相对于后期焊接背针的方法来说，能让胸针更为结实，操作起来也更便捷。

图8-11

STEP 04

这种简洁的短背针是搭配蝴蝶扣使用的，蝴蝶扣尺寸相通，可以很方便地购买到成品，如图8-12所示。为蝴蝶胸针安装胸针扣，如图8-13所示。如果有卡住的情况，可以用模型砂纸打磨一下背针不平滑的地方。

图8-12

图8-13

◆ 吊环的雕蜡方法

STEP 01

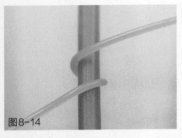

图8-14

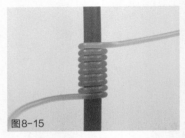

图8-15

选取粗细合适的软蜡棍（这里用的是直径为0.8mm的软蜡棍），做软化处理后，将其轻轻缠绕在圆棍状的物体上（这里用的是直径为3mm的圆棍），缓慢地拉紧，如图8-14所示。逐层缠绕，直到软蜡棍紧密缠绕在圆棍状物体上，如图8-15所示。可以适当用指腹轻轻地调节软蜡棍缠绕的密集程度。

STEP 02

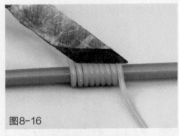

图8-16

缠绕好所需的圈数后，可以使用刮角刀形雕蜡刀竖直地切开软蜡棍，如图8-16所示。

STEP 03

取下松脱的吊环（从圆棍两端轻轻滑动脱下，尽量避免破坏吊环的外形），用指腹轻轻按压吊环，如图8-17所示。软蜡棍很容易被按压平整，注意不要过度用力，以防压扁吊环。完成吊环的制作，如图8-18所示。

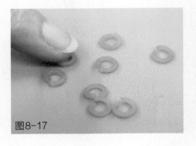

图8-17

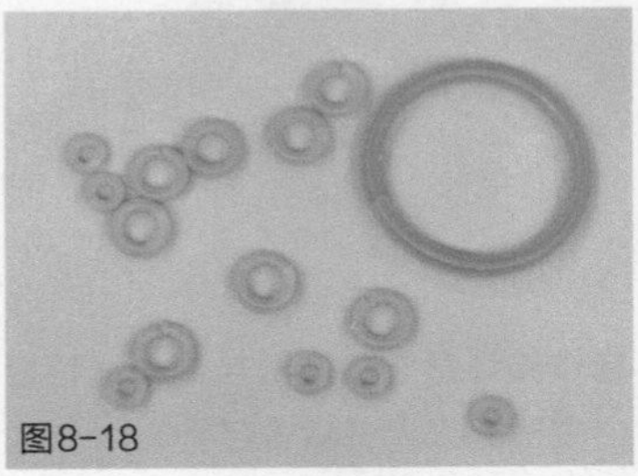

图8-18

STEP 04

图8-19

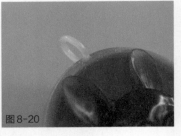

图8-20

吊环较小，选取吊环用于熔焊时，可以用绿泥粘取吊环，如图8-19所示。吊环上有一个小小的缺口，可以在后续使用时利用缺口进行熔焊，如图8-20所示。

STEP 05

图8-21

铸造成金属后，吊环也会被一体铸造出来，如图8-21所示。

特殊首饰结构的雕蜡方法

◆ 管状结构的雕蜡方法

　　特殊首饰结构部分以管状部件为主，可以作为合页结构和部分胸针结构的组成部件。

STEP 01

管状结构是常见的结构形式。取直径为2.5mm左右的硬蜡棍，并用平板锉刀锉平硬蜡棍的一端，如图8-22所示。使用刮角刀形雕蜡刀切下一小段硬蜡棍，如图8-23所示。用雕蜡的方法制作的管状结构有一定的局限，其长度尽量不超过两只雕刻针头部的总和（单只雕刻针头部长度约为9mm），如图8-24所示。

图8-22

图8-23

图8-24

STEP 02

使用小号的球形雕刻针在小段硬蜡棍的两端钻出一个半圆形的浅坑，如图8-25所示。球形雕刻针的直径要略小于为管状结构预设的直径，尽量保证半圆形浅坑在硬蜡棍截面正中的位置上。浅坑在这里就像一个导引槽，方便后续斜牙雕刻针的操作，如图8-26所示。

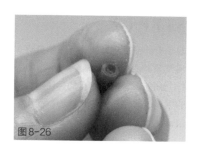

图8-25

图8-26

STEP 03

图8-27

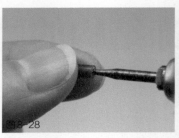

图8-28

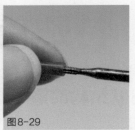

图8-29

使用小号斜牙雕刻针仔细且缓慢地深入硬蜡棍，注意斜牙雕刻针的直径要小于为管状结构预设的直径，如图8-27所示。斜牙雕刻针的形状结构很适合边钻孔边扩大硬蜡棍的内部空间。为硬蜡棍钻孔时，要保证从硬蜡棍两端平直地深入，直至打穿管状结构的内部空间，如图8-28所示。使用直径略大的直牙雕刻针继续扩大硬蜡棍的内部空间，注意保持平直深入，不要破坏管状结构的内部空间，如图8-29所示。

STEP 04

完成管状结构的制作，如图8-30所示。可以锯开这种长度的管状结构，将其做成胸针的背部结构，也可以将其做成合页结构。

图8-30

◆ 管状胸针背扣的雕蜡方法

STEP 01

兔子胸针相对较大，不适合搭配简洁的单针背针。本小节将以兔子胸针为例，用管状结构制作一个简易的背针固定结构。在兔子胸针的背面用记号笔标示出胸针结构大致的位置，如图8-31所示。将圆管一分为二，打磨两端至合适的长度，如图8-32所示。

图8-31

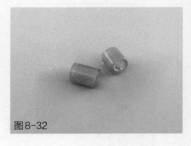

图8-32

STEP 02

在水磨砂纸上对圆管进行画圈打磨，将圆管的底部磨出一个平面，如图8-33所示。这一步的目的是让圆管能够平稳地放置在兔子胸针的背面而不滚动，如图8-34所示。

图8-33

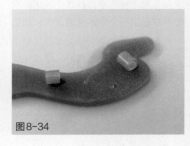

图8-34

STEP 03

用焊蜡机仔细地熔焊，不要破坏圆管的表面，也不要烫穿兔子胸针的表面，如图8-35所示。用小号球形雕针和小号斜牙雕刻针再一次修整熔焊处的痕迹，尽量让圆管内部平滑完整，如图8-36所示。

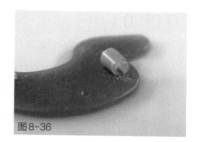

图8-35

图8-36

STEP 04

使用细节深入刀形雕蜡刀或小号斜牙雕刻针将兔子胸针背部管状结构的一面雕刻出一个开口，如图8-37所示。使用小号斜牙雕刻针修整圆管熔焊的痕迹并打磨边缘，完成兔子背针处管状结构的制作，如图8-38所示。这一步的目的是为了保留一处可供背针放置的开口。兔子胸针的背针结构的下一步具体的方法可以参见第10章的内容。

图8-37

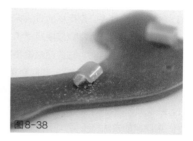

图8-38

◆ 合页结构在首饰中的应用

STEP 01

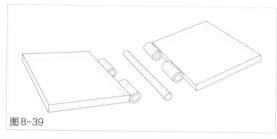

图8-39

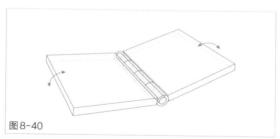

图8-40

管状结构适用于制作合页。本小节会以合页结构为原理，制作一本可以翻动的书本。书本将以带有管状结构的书页和一根轴承（轴承不需要雕蜡铸造，直接购买粗细合适的金属丝即可）组成，如图8-39所示。轴承一般会在带有管状结构的书页铸造成功后以金工铆接的方法完成，铆接的方法可以参见第10章"金属部件的铆接"一小节的内容，铆接后的书页就可以左右翻动了，如图8-40所示。

STEP 02

准备制作书本所需的蜡材。这里锯切了4片0.8mm厚的蜡片和1片1.2mm厚的蜡片（因为封面要雕刻图案并与内页进行区分，所以相对较厚），并准备了一根直径为4.5mm的硬蜡棍，硬蜡棍的直径与蜡片厚度总和相当，0.1mm的厚度差可以忽略不计，如图8-41所示。

图8-41

STEP 03

制作书页并为每一页熔焊两段圆管并不困难，但需要有足够的细心和耐心，慢慢熔焊、锯切、打磨。制作的完整流程如下，流程图如图8-42所示。

① 测量书页的长度，计算出1/10的具体尺寸。用外沿画线的方法在硬蜡棍上标示出这个尺寸，也就是第1段合页的长度。对齐硬蜡棍上端与书页的上端，可以找一个平整的硬物抵着来辅助对齐。

② 使用焊蜡机精准地熔焊标示线内的部分，为了让页面看起来精致好看，可以填平中间的凹陷。

③ 使用较为精细的金属锯条沿着标示线进行锯切，锯切后及时打磨平整。

④ 将熔焊好第1段硬蜡棍的第1页翻过去，用同样的方法标示书页的长度后继续熔焊第2段硬蜡棍和第2页书页，熔焊完成后及时锯切和打磨。

⑤ 将第2页翻过去，用同样的方法标示书页的长度后熔焊第3段硬蜡棍和第3页书页，熔焊完成后及时锯切和打磨。

⑥ 用同样的方法完成第4段硬蜡棍和第4页书页的熔焊、锯切与打磨。

⑦ 用同样的方法完成第5段硬蜡棍和第5页书页（最后一页）的熔焊、锯切与打磨。

⑧ 一页一页仔细地翻回来，翻回到第1页，开始标示第6段硬蜡棍，并与第1页书页进行熔焊、锯切、打磨。

⑨ 翻开第1页，标示第7段硬蜡棍，并与第2页书页进行熔焊、锯切、打磨。

⑩ 继续翻开第2页，标示第8段硬蜡棍，并与第3页书页进行熔焊、锯切、打磨。

⑪ 用同样的方法标示第9段硬蜡棍，并与第4页书页进行熔焊、锯切、打磨。

⑫ 标示第10段硬蜡棍（最后一段），并与第5页书页（最后一页）进行熔焊、锯切、打磨。

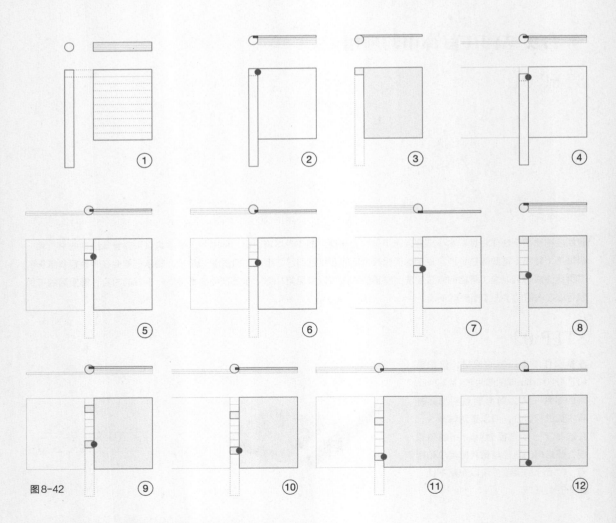

图8-42

STEP 04

整个制作过程需要在一个平整光滑的台面上进行，以确保每一次翻页后的熔焊都是平整且精准的，如图8-43所示。制作时需要时刻留意每一页之间是否能完美地合起来并无错位。

图8-43

STEP 05

图8-44

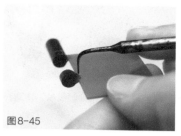

图8-45

图8-46

熔焊时需要谨慎操作，避免焊蜡机的金属头烫坏其他地方。熔焊时需要特别注意，在熔焊书页正面时不要插入过深、过度熔焊，确保熔焊结实即可，如图8-44所示。在熔焊书页背面的时候，可以轻轻拿起书页，翻到背面仔细填补缝隙，如图8-45所示。熔焊好的书页会有少量溢出的蜡痕，可以使用精细的截面为三角形的等边三角锉刀及时锉修，如图8-46所示。这一步是为了确保在熔焊下一页前所有书页都是平整的，可以完美盖合。

STEP 06

完成每一页书页的制作，确保小段圆棍的分布是均匀有规律的，如图8-47所示。

图8-47

STEP 07

图8-48

图8-49

图8-50

检查制作好的书页的形态，确保它可以平整地放置在平面上，如图8-48所示。确保翻开书页时书页也是平整有序的，如图8-49所示。确保每一页都可以顺畅地翻动且书脊不错位，如图8-50所示。

STEP 08

将每一页上的一组圆棍制作成管状结构，如图8-51所示。

图8-51

STEP 09

图8-52

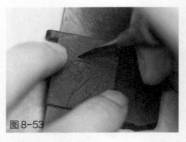

图8-53

图8-54

使用记号笔绘制封面，如图8-52所示。使用带有尖头的工具刻画线条，注意在绘制时垫高书页，如图8-53所示。完成封面图案的刻画，如图8-54所示。

STEP 10

图8-55

图8-56

用堆蜡的方法在封面图案上方制作飘带，如图8-55所示。用小号的球形雕刻针雕刻书名，如图8-56所示。

STEP 11

图8-57

完成带有合页结构的书本的制作，如图8-57所示。

STEP 12

图8-58

在合页管顶端熔焊一个圆环，完成带有合页结构的书本吊坠，如图8-58所示。

STEP 13

完成书本的制作后，可以在内页增加一些有趣的小物件。锯切出老鼠的侧面造型，如图8-59所示。用立体造型的雕蜡方法快速雕刻出老鼠大致的形态，如图8-60所示。

图8-59

图8-60

STEP 14

为老鼠制作支撑物，仔细打磨老鼠，并刻画出爪子等部位，如图8-61所示。在眼睛处钻半圆形浅坑，用滴蜡的方法制作眼睛，如图8-62所示。

图8-61

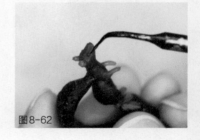

图8-62

STEP 15

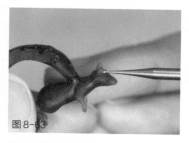

图8-63

图8-64

图8-65

用小号球形雕刻针深入刻画耳朵等细节，如图8-63所示。使用细节深入雕蜡刀雕刻四肢等有转折的结构，如图8-64所示。使用小号细节深入雕蜡刀为嘴巴等细节做最后的处理，如图8-65所示。

STEP 16

图8-66

用堆蜡的方法制作老鼠的尾巴并替换支撑物，完成老鼠的雕刻，如图8-66所示。

STEP 17

图8-67

图8-68

选取书本的最后一页，将其垫在较厚的蜡块上，综合使用大号和小号球形雕刻针在上面钻孔洞，如图8-67所示。将老鼠熔焊在孔洞内，如图8-68所示。

STEP 18

图8-69

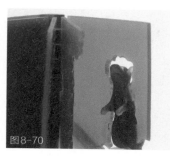

图8-70

根据老鼠的尺寸，在其他书页上钻孔洞，如图8-69所示。安装书页，继续调整孔洞的大小和位置，如图8-70所示。

STEP 19

图8-71

将书页一页一页地合上，确保可以露出老鼠突出的身体部位，如图8-71所示。完成合页结构老鼠书本的制作。

模具的制作
与蜡灌制

CHAPTER 09

市面上除了常用来雕刻或塑形的硬蜡和软蜡外，还有一种被处理成为小颗粒状的特种蜡，它常被用来加热后填充到耐热的模具里，以批量复制原始物件。这种特种蜡的熔点与韧性处于硬蜡与软蜡之间，很适合用来翻制特殊纹理、做造型及进行二次创作。本章将主要介绍两种常用的翻模材料及使用方法。

硅胶模具的制作与应用

◆ 围墙模具的制作

硅胶具有高流动性及耐拉扯的特性，可以翻制出高精细度的纹理和造型。其操作简单，可以浇灌的材料也较为丰富，是设计师和艺术家们常用的翻模材料。

STEP 01

本节选取了海螺和贝壳作为范例，分别演示带水口模具和开放式模具的处理方法。海螺的纹理细腻有趣，带有一个向内延伸的孔洞，如图9-1所示。贝壳有独特的边缘形状，此处选取了两枚对称的贝壳造型，如图9-2所示。

图9-1

图9-2

STEP 02

图9-3

图9-4

翻制硅胶模具需要先准备好用来盛放翻模物体的模具"围墙"，这里选取了翻模积木，也可以用纸板或其他DIY材料替代。翻模积木是由一个一个可拼插组合的积木块组成的，可以自由地组合成不同大小的围墙，如图9-3所示。一般会配套使用翻模积木的垫板，在垫板上面可以随意拼插，如图9-4所示。翻模积木和普通的玩具积木很像，但拼插好后会比普通的玩具积木拼合得更紧密一些。

STEP 03

图9-5

为翻模物体围好围墙，差不多大小的物体可以放在一个围墙里，但要注意保持一定的距离。以贝壳的模具围墙为例，两个贝壳之间的距离和贝壳距离四周围墙的距离应均不小于5mm，如图9-5所示。

STEP 04

图9-6

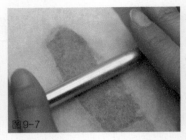

图9-7

图9-8

为围墙模具铺底。取一块绿泥（可以用普通油泥替代），用手大致塑形，如图9-6所示。借助棍状工具擀压塑型，保证其最终厚度大于3mm即可。为了使绿泥不粘连工具，可以在绿泥的上下方各铺一张油纸或塑料纸，如图9-7所示。塑型后，使用锋利的刀类工具裁切绿泥至合适的尺寸，如图9-8所示。

STEP 05

将绿泥铺至围墙底板上，如图9-9所示。使用块状工具将绿泥压平，如图9-10所示。

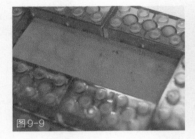

图9-9

图9-10

STEP 06

图9-11

图9-12

图9-13

用同样的方法为翻模物体裁切底座，如图9-11所示。将裁切好的底座绿泥片放入围墙并用手轻轻按压，绿泥会和铺在底板上的绿泥黏合在一起，如图9-12所示。铺设底座绿泥片时也要注意摆放的位置，使绿泥尽量分布平均，如图9-13所示。

STEP 07

做好围墙的准备工作后，可以开始对翻模物体进行处理。海螺的处理工作相对复杂，想要翻出完整的造型纹理，需要在不破坏整体造型纹理的位置种植一个支架，保证海螺可以架立在围墙模具内。在这个案例中，利

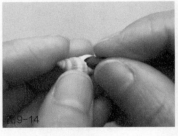

图9-14

图9-15

用的是海螺向内延伸的孔洞，因孔洞处无特殊造型和纹理，所以很适合选为种植支架的位置。种植支架前，需要填平孔洞。取小块绿泥，将绿泥塞在海螺的孔洞处，如图9-14所示。填孔时需格外仔细，避免绿泥溢出填塞住有纹理的部位，如图9-15所示。

STEP 08

用手大致捏出一个细小的圆柱，圆柱尺寸与海螺孔洞直径相当即可，如图9-16所示。将圆柱形绿泥连接在刚刚填平的部位（在填平处扭转几下就可以将两者黏合在一起），这里注意支架的方向要与海螺的方向一致，方便后续浇灌蜡液，如图9-17所示。

图9-16

图9-17

STEP 09

贝壳的处理相对简单，将绿泥填入内部无特殊造型和纹理的凹陷处（防止后续硅胶流入时顶起贝壳），如图9-18所示。注意保留贝壳边缘波浪形的起伏形状，填塞的绿泥高度微微高于边缘即可，如图9-19所示。到这一步，海螺和贝壳的处理工作就完成了。

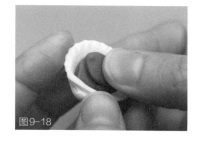

图9-18

图9-19

STEP 10

图9-20

图9-21

将处理好的海螺竖直贴在底座绿泥片上，注意粘贴紧实，可以用手或工具轻轻按压连接处，如图9-20所示。把处理好的贝壳轻轻按压在底座绿泥片上，注意不要过度用力，避免把贝壳边缘按压在绿泥底座内，如图9-21所示。

STEP 11

图9-22

根据翻模物体不同的高度调整围墙的高度，保证围墙高于翻模物体顶端至少1cm，如图9-22所示。完成围墙模具的制作。

◆ 硅胶模具的制作与开模

STEP 01

准备电子秤，测量纸杯重量并将重量清零，装大半杯的硅胶并称重，如图9-23所示。不同的硅胶品牌和型号会有不同颜色、不同透明度、不同固化剂比例等差别，在仔细阅读所购硅胶品牌说明书后，按照说明书所写硅胶与固化剂的比例滴入所需比例的固化剂，如图9-24所示。在这个环节，计算固化剂的比例尤其重要，固化剂比例高会让硅胶的凝固速度加快，同样会影响硅胶的流动性和所翻模具的细节精确度。固化剂比例低会让硅胶的凝固速度减慢，让硅胶的流动性更好，并能减少模具中的气泡。固化剂比例过高和过低都会严重影响翻模模具的质量，因此，仔细阅读说明、精确计算硅胶与固化剂的比例是非常重要的。滴入固化剂后会看到硅胶上层浮有淡黄色的固化剂液体，用搅拌棒保持顺时针或逆时针搅动，直至硅胶与淡黄色固化剂被搅拌均匀，如图9-25所示。

图9-23

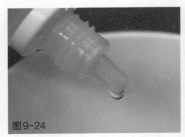
图9-24

图9-25

STEP 02

将搅拌好的硅胶从模具的一角缓缓倒入，刚开始倒入时尽量不要将硅胶直接倒在翻模物体上，以免砸倒翻模物体，如图9-26所示。缓缓倒入硅胶，直到硅胶淹没翻模物体的顶端1cm处；拿起围墙模具，从10cm左右的高度平稳向下摔，重复3次，震出硅胶内的气泡，如图9-27所示。如果有抽真空的设备，也可以用真空机抽取气泡。

图9-26

图9-27

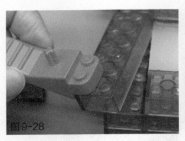
图9-28

图9-29

STEP 03

在固化剂配比合适的情况下，硅胶会在3~8小时内凝固完全，凝固完全的标准是按压硅胶模具表面时是不黏手且有弹性的。凝固后可以开始拆除围墙模具，翻模积木的接缝紧实，不好拆除，需要使用配套的积木拆除工具进行拆除，如图9-28所示。拆除围墙模具后，取出硅胶模具，检查有无黏手的部位，完成硅胶模具的制作，如图9-29所示。在这一步需要注意，硅胶局部未凝固一般是在搅拌硅胶与固化剂时搅拌得不均匀导致的，如果不凝固的部位在边角处可以直接切除，如不凝固的部位出现在翻模物体表面，则需要重新翻制硅胶模具。

STEP 04

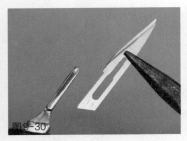
图9-30

图9-31

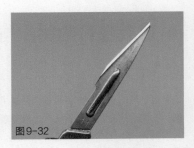
图9-32

制作好硅胶模具后，需要准备锋利的手术刀对硅胶模具进行切割。从包装内取出一片手术刀片，用钳子捏住，保持刀柄和刀片方向的一致（主要检查刀片下方的倾斜角度与刀柄处的倾斜角度是否一致），如图9-30所示。从刀柄的顶端凹槽顺势划入，如图9-31所示；一直滑至刀柄上的定位卡扣处，如图9-32所示。手术刀十分锋利，进行这一步时需要格外小心。如遇到刀片滑到一半卡住不动的情况，可以在木质物体上缓缓发力顶一下刀片尖端，切记不可使用蛮力，避免受伤。

STEP 05

图9-33

为带有支架的海螺模具切模（为方便演示，这里取用的是只有一只海螺的模具）。将硅胶模具翻过来，轻轻撕除底面绿泥片，露出支架，如图9-33所示。

STEP 06

图9-34

图9-35

使用手术刀从支架的一侧开始切割，如图9-34所示。注意切割硅胶模具时需要划Z形切口（为了使模具更精准地合并），划到距离底部1cm左右的地方（一般情况下，不要将硅胶模具整个切断，保留下方的连接处同样是为了更好地合并模具），如图9-35所示。

STEP 07

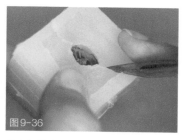

图9-36

图9-37

从支架的另一侧切割硅胶模具，如图9-36所示。切割时可以轻轻掰开模具，尽量控制下刀力度，避免伤到自己及硅胶模具内的翻模物体，如图9-37所示。

STEP 08

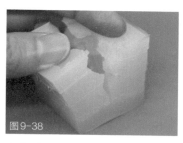

图9-38

完成两侧锯齿状开模后，取出内部的翻模物体，仔细检查硅胶模具内部是否有残留的绿泥或翻模物体，如图9-38所示。完成海螺硅胶模具的制作。

STEP 09

贝壳为开放式模具，非常容易脱模。撕掉底面绿泥片后，从4个方向轻轻掰动硅胶模具，直到将硅胶模具掰扯松动，如图9-39所示。晃动硅胶模具内的贝壳并轻轻取出贝壳，注意不要强行拉扯，如图9-40所示。完成贝壳硅胶模具的制作。

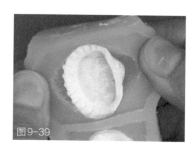

图9-39

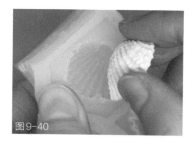

图9-40

◆ 蜡模的灌制

STEP 01

准备好特种蜡粒。市面上有不同厂家生产的不同类型的蜡粒，可以注意观察蜡粒的边缘，建议挑选较薄且边缘棱角分明的蜡粒，这样的蜡粒收缩率低且流动性好，如图9-41所示。

图9-41

STEP 02

准备熔化蜡粒，有两种常用的家用器具可以用于熔化蜡粒。模具较小或只需要熔化少量蜡的情况下，可以使用酒精灯套装。酒精灯套装由酒精灯、工业酒精（95%高浓度酒精）、三脚架、石棉网、钢碗组成。将蜡粒放置于钢碗内，可以均匀的地熔化蜡粒，如图9-42所示。当模具较大或需要熔化大量蜡粒时，建议使用专业的熔蜡炉，以便更高效地完成蜡模的灌制。

图9-42

STEP 03

图9-43

图9-44

加热蜡粒，可以看到容器底部和边缘的蜡粒最先熔化，熔化的过程中会产生少量气泡，如图9-43所示。当容器内蜡料熔化到颜色清透、用长柄小勺轻轻捞起会呈现水流状且气泡消失时，就可以准备进行模具灌制了，如图9-44所示。在这一步需要格外留意蜡液的状态，气泡刚消失时是最好的灌制状态，等到蜡液微微冒出热气时，蜡液就过热了，会在灌制好的蜡模表面出现密集且细小的气泡，影响灌制效果。

STEP 04

图9-45

提前准备好硅胶模具，并用翻模积木制作围墙（起到固定模具的作用），如图9-45所示。

STEP 05

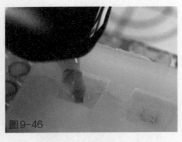

图9-46

图9-47

将熔化的蜡液从原来绿泥支架的位置倒入，注意不要一下子倒满，倒入时蜡液从一侧倒入，流出排放空气的位置，如图9-46所示。倒入的蜡液会因凝固而逐渐变得不透明，如图9-47所示。当变成蜡粒原有的颜色且不再烫手时，就可以取出蜡模了。

STEP 06

图9-48

在这一步，可以尝试在特种蜡粒中加入弄碎的硬蜡片，以增强蜡模的硬度（增强硬度是为了方便二次雕刻），如图9-48所示。

STEP 07

不同的特种蜡与硬蜡配比会翻制出不同硬度、流动性的蜡模，如图9-49所示。如不需要进行二次雕刻，建议直接使用特种蜡粒灌制模具，得到有更精细的表面细节的蜡模。如需要进行二次雕刻，建议以特种蜡5份、硬蜡2份或3份的比例进行灌制，得到硬度较强、更易于雕刻的蜡模。不同厂家的蜡材会有一些差别，需要耐心调试。

图9-49

◆ 蜡模的修整

STEP 01

图9-50

修整特种蜡的方法与修整其他蜡材没有太大的区别，但由于特种蜡熔点较低，在使用焊蜡机时，需要将温度稍微调低（150℃至170℃）。以贝壳为例，使用焊蜡机勺子形状的金属头快速掏掉贝壳凹陷处的蜡，如图9-50所示。

STEP 02

 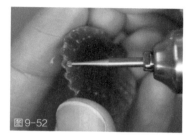

图9-51   图9-52

使用挖洞掏弧面刀形中的圆形刀头雕蜡刀将贝壳的凹陷处修整平滑，如图9-51所示。注意衔接贝壳波浪形边缘与凹陷处之间的过渡区域。使用小号的球形雕刻针精细地修整波浪形边缘。由于熔点低，特种蜡会较为黏软。在修整特种蜡件时，建议尽量使用雕蜡刀处理大块的造型，再使用小巧的雕刻针低速进行精细修饰与雕刻。使用小号球形雕刻针精细地修整贝壳边缘处的造型，如图9-52所示。

STEP 03

图9-53   图9-54

完成贝壳和海螺的翻制，如图9-53和图9-54所示。

藻酸盐模具的制作与应用

◆ 藻酸盐模具的制作

藻酸盐是一种被广泛应用于齿科印模的材料，有高精细度、快速成型、弹性良好等特点，常被用来翻制带有精细纹理的物件，或制作小部件的外模型。

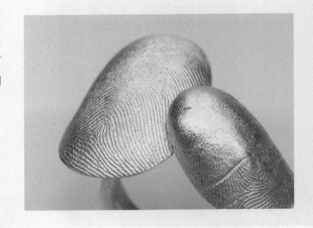

STEP 01

图9-55

市面上可以买到很多种类的藻酸盐印模材料，它们没有太大的区别，一般是粉状质地的，如图9-55所示。

STEP 02

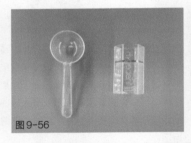

图9-56

图9-57

翻制藻酸盐模具需要使用配套的量勺量杯等工具，可以在购买藻酸盐的店铺里买到同品牌的量具，如图9-56所示。除了量具，可以额外准备好硅胶碗和搅拌棒，如图9-57所示。搅拌工具也可以用纸杯和筷子等工具代替。

STEP 03

使用配套的量具将藻酸盐粉末和水按照包装袋上的产品说明进行配比，倒入硅胶碗，如图9-58所示。藻酸盐印模材料有快速凝固的特性，需要快速搅拌至均匀，如图9-59所示。

图9-58

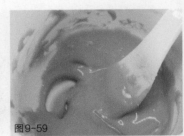

图9-59

STEP 04

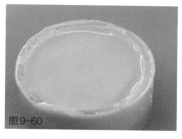

图9-60

图9-61

图9-62

将搅拌均匀的藻酸盐印模材料倒入提前准备好的外模里，这个案例中使用的外模是在市面上直接购买的硅胶小模具。藻酸盐印模材料会在模具里快速变得平整光滑，如图9-60所示。将手指按压在湿润的藻酸盐印模材料上，尽量保持按压力量的均匀，如图9-61所示。待藻酸盐印模材料完全凝固（2分钟左右）后，可以移开手指，得到纹理清晰细腻的成型模具，如图9-62所示。

STEP 05

将蜡粒熔化并灌入成型模具，如图9-63所示。等待蜡液凝固冷却后将其取出，如图9-64所示。

图9-63

图9-64

STEP 06

藻酸盐模具的使用寿命非常短，通常在8个小时以后就开始硬化变形（向模具内灌制热的蜡溶液会加速模具的硬化）。模具的边缘会开始发白变脆，直到整个模具缩水变硬，如图9-65所示。在模具变形前，可以多灌制一些蜡件备用，如图9-66所示。

图9-65

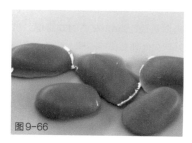

图9-66

◆ 藻酸盐模具的应用

STEP 01

选取纹理清晰的蜡件，用蜡锯锯切边缘，如图9-67所示。特种蜡相对较黏，蜡锯比金属锯条的锯切效率更高。

图9-67

STEP 02

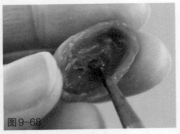

图9-68

图9-69

图9-70

用焊蜡机的小挖勺金属头快速掏空蜡件的背部空间，如图9-68所示。使用大号的球形雕刻针将蜡件的背部处理得更加光滑平整，如图9-69所示。使用细节深入刀形雕蜡刀修整边缘，如图9-70所示。

STEP 03

完成指纹蜡件的处理，如图9-71所示。用同样的方法采集并处理两个不同的指纹蜡件，如图9-72所示。后续将使用可微调的开放式戒指，可以在铸造后对两个指纹蜡件的位置和戒指大小进行一定尺寸的调整，更轻松地让两个指纹蜡件最终靠在一起。

图9-71

图9-72

STEP 04

选取直径为2mm左右的软蜡棍，做好软化处理后在戒指棒上缠绕一圈，如图9-73所示。将软蜡棍调整到合适的戒指型号上，缓缓拉紧，如图9-74所示。

图9-73

图9-74

STEP 05

图9-75

图9-76

用小剪刀修剪过长的软蜡棍，如图9-75所示。取下戒指并调整形状，如图9-76所示。

STEP 06

图9-77

在软蜡戒指的一端熔焊上相对较大的指纹蜡件，注意在熔焊前调整好角度和位置，如图9-77所示。

STEP 07

将软蜡戒指重新套在戒指棒上，再次调整其位置、形状与大小，剪掉另一端过长的软蜡棍，如图9-78所示。预先调整好另一个指纹蜡件的位置并将其熔焊紧密，如图9-79所示。

图9-78

图9-79

STEP 08

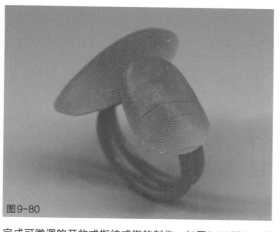

图9-80

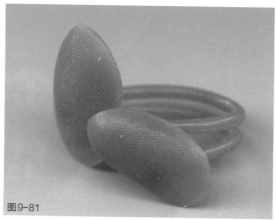

图9-81

完成可微调的开放式指纹戒指的制作，如图9-80所示。为了呈现更完整、清晰的铸造效果，可以在铸造前将戒指微微掰开并将两个指纹蜡件尽可能拉开一小段距离，如图9-81所示。

STEP 09

失蜡法适用于铸造这种细微的纹理，在规范操作的前提下，可以得到较为理想的纹理形态，如图9-82所示。

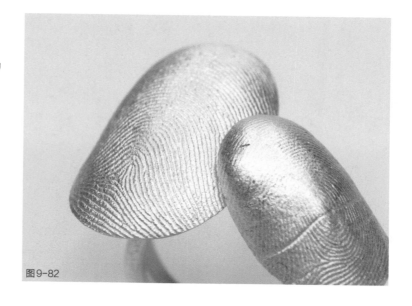

图9-82

第 10 章

金工
基础

CHAPTER 10

蜡件在通过失蜡法铸造后会被替换成金属材质，在取回金属铸件后，需要对铸件的部分结构或表面进行处理。本章会以几个案例为主、介绍几种基础、简易的处理金属铸件的方法。常见的铸造材质有黄金、白金、玫瑰金、白银、黄铜等，本章案例选取的材质为 925 白银。如果需要使用更复杂、专业的金工技巧，可以对金工工艺进行系统的学习。

铸件的处理

◆ 铸造前的数值转换

铸件的处理较为轻松，没有什么特殊的技法。唯一需要注意的是金属与蜡件的质感相差过大，在刚开始进行金属处理时需要一个适应的过程。

STEP 01

在蜡件制作完成或送去铸造前，可以通过称重的方式快速了解蜡件的重量，进而根据密度的计算公式（密度=质量÷体积）得到一个大致的金属重量范围。在这个案例中，对滴蜡戒指进行称重后，得到重量为0.25g，如图10-1所示。

图10-1

STEP 02

确认铸造材质后，通过查询材质表可以得到金属材质的大致密度，如图10-2所示。在这个案例中，最终要将蜡戒指铸造成银材质，故通过体积公式（体积=质量/密度，$V=m/\rho$），推算该蜡件的体积为0.25g（蜡的质量）÷0.9g/cm³（蜡的密度），再通过质量公式（质量=体积×密度，$m=\rho V$）推算转换成银材质的重量：（0.25÷0.9）cm³×10.5g/cm³（银的密度）≈2.92g，即置换成金属的重量为2.92g左右。

蜡	铜	银	金	铂金
0.9g / cm³	8.9g / cm³	10.5g / cm³	19.32g / cm³	21.45g / cm³

图10-2

STEP 03

铸造成金属后经过测量，戒指实际重量为2.87g，如图10-3所示。

图10-3

◆ 水口的处理

STEP 01

图10-4

图10-5

将做好的蜡件分别存放打包，如图10-4所示。在送去铸造的过程中尽量多铺设一些减震的纸巾或海绵，确保铸造后送回的金属铸件是完整且表面平滑的，如图10-5所示。

STEP 02

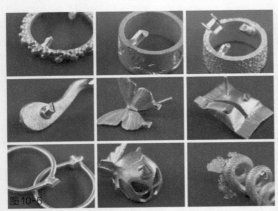

图10-6

图10-7

蜡件会被分类处理并种上蜡树集中铸造（具体的过程与步骤参考第1章内容）。蜡件的形状和表面纹理决定了水口的位置和粗细，如外圈遍布细小图案或纹理的戒指会在内壁种上水口，正面有纹理图案的小部件会在背面种上水口，纤薄且有纹理的蝴蝶造型会在侧面边缘处种上水口，如图10-6所示。如果对水口的种植处有特殊要求，可以在铸造前交代清楚。本节会以滴蜡戒指为例，完整地演示水口的处理方法，如图10-7所示。

STEP 03

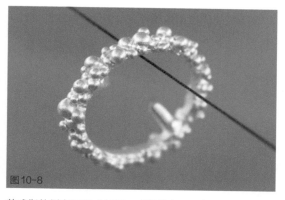

图10-8

图10-9

若戒指外侧有图案或纹理，戒指的水口一般会种在内壁上。处理这种类型的水口需要使用金属锯条贯穿其中再扭紧金属夹口，如图10-8所示。将戒指平放在工作台上并固定好，贴着戒指内壁进行锯切，如图10-9所示。金属锯条较为锋利，在处理金属水口时往往还会加大力度，所以在这个环节一定要格外注意安全。

STEP 04

图10-10

图10-11

锯切下水口后，一般会有一小部分未完全锯掉的水口残留。残留部分的水口会微微凸出于戒指内壁，如图10-10所示。锯切下的水口可以保存起来，用于二次铸造，如图10-11所示。

STEP 05

图10-12

图10-13

使用带有圆弧形状锉面的大号金属锉刀进行锉修，这里用的是大号的金属锉刀，也可以用小号的什锦锉刀中的圆形锉刀替代，如图10-12所示。锉修后的水口种植处应当是平滑无凸起的，如图10-13所示。

STEP 06

图10-14

图10-15

将模型砂纸剪成小块并用它打磨戒指内壁，如图10-14所示。在整个处理水口的过程中，工具的使用方法和雕蜡是基本一致的，但要注意工具尽量不要混用，因为沾有金属粉末的金属工具会破坏蜡件表面的纹理与细节。继续使用模型砂纸画圈打磨金属表面，如图10-15所示。

STEP 07

图10-16

完成水口的处理与金属表面的打磨，如图10-16所示。

金属部件的连接

◆ 金属部件的铆接

　　本节将以兔子胸针为例，演示如何应用基础金工技法完成雕蜡时预留的铆接结构和胸针结构。

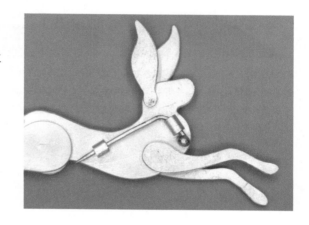

STEP 01

　　将全部铸件的水口处理掉并将金属打磨至平整光滑，如图10-17所示。按照预留的结构位置将兔子的肢体还原安装，如图10-18所示。在这一步如存在无法顺利套入的情况，可以用圆形锉刀打磨兔子身上的镂空圆洞处。确保上下层结构摆放正确并且金属棍高于兔子物件的厚度，如图10-19所示。

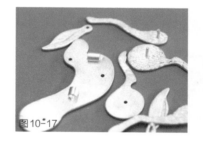

图10-17

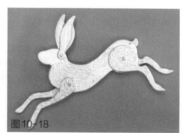

图10-18

图10-19

STEP 02

　　准备好钢制錾子，图10-20所示的3种型号分别为大号方形錾面、中号椭圆形錾面、小号椭圆形錾面。方形錾面的錾子很容易买到，经过打磨可以变形为椭圆形錾面。如果买不到合适的錾子，也可以使用打磨平滑的铁钉代替。

图10-20

STEP 03

图10-21

图10-23

在准备做铆接的兔子胸针下方垫木头，这样做可以有效减少噪声且不会划伤金属背面，如图10-21所示。将錾子的方形面放置在金属凸起物上，并用手指固定金属兔子，如图10-22所示。若无法用一只手进行固定，可以请其他人帮忙。使用锤子缓慢有节奏地敲击錾子的末端，刚开始练习时会不好控制力度，多练习几次就可以有效地发力了，如图10-23所示。

STEP 04

图10-24

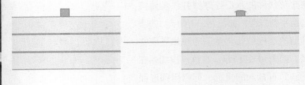

图10-25

刚开始练习时，可以在敲击过程中随时停下查看铆接情况，如图10-24所示。金属凸起物会逐渐变成蘑菇形，再逐渐变成微微凸起的圆弧形，如图10-25所示。

STEP 05

图10-26

用同样的方法完成所有关节处的铆接，在保证兔子的关节可以活动的前提下尽量将关节铆接紧实。完成兔子胸针的关节铆接，如图10-26所示。

◆ 简易胸针的制作

STEP 01

在已经做好管状结构的金属上制作一个简易的针状结构是比较轻松的。在这个案例中，针状部件是黄铜材质的，直径为1mm左右。将黄铜丝放在管状结构处作为长度的参照物，并用记号笔将弯折处与总长度标示出来，如图10-27所示。用锯条或剪钳将黄铜丝修剪到合适的长度，如图10-28所示。

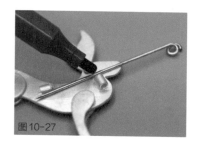
图10-27

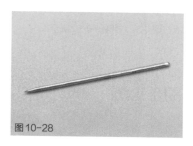
图10-28

STEP 02

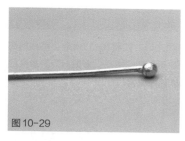
图10-29

用火枪将黄铜丝的一端熔成球状，如图10-29所示，也可以直接购买这种样式的黄铜丝。

STEP 03

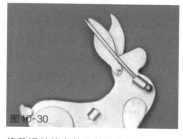
图10-30

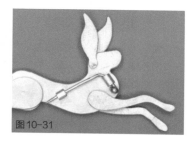
图10-31

将黄铜丝从完整管状结构处的一端穿入，如图10-30所示。在弯折处用力掰弯黄铜丝，并穿过左侧的管状结构，如图10-31所示。若力量较小，可以使用钳子等工具完成简易胸针的制作。

宝石的镶嵌

本节是在第4章的基础上展开的，是借助已经塑造好的底座进行的基础镶嵌处理，分为包镶、爪镶、张力镶嵌3个部分。

◆ 宝石的包镶

STEP 01

为铸造成金属的戒指去掉水口并将戒指打磨平滑，如图10-32所示。

图10-32

STEP 02

图10-33

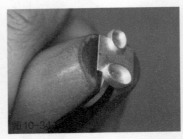

图10-34

图10-35

准备镶嵌用的夹木（戒指镶嵌夹木/手拿夹具），这种镶嵌用的夹木两端各有一个木质夹口，如图10-33所示。将戒指夹在夹木的夹口处并放置平稳，用手固定夹木，如图10-34所示。将配套的木块塞进夹木另一端的夹口，形成稳定又紧实的夹力，如图10-35所示。这种夹木胜在轻巧、便于操作，台钳和火漆碗也是很好的镶嵌辅助工具。

STEP 03

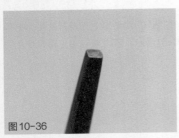

图10-36

图10-37

图10-38

图10-39

准备方形截面的錾子，如图10-36所示。如果没有，可以用打磨平滑的铁钉代替。用一只手固定夹木，另一只手固定錾子，用錾子的截面对准包镶底座的边缘处，如图10-37所示。使用锤子敲击錾子的末端，如图10-38所示。让包镶底座的围边紧密地贴合在宝石上，如图10-39所示。在这一步中，可以用一只手同时固定夹木和握住錾子，如果觉得操作起来较为困难，可以借助他人的力量固定夹木。

STEP 04

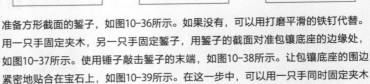

图10-40

用同样的方法完成另一颗宝石的镶嵌，如图10-40所示。

◆ 宝石的爪镶

STEP 01

为铸造成金属的戒指去掉水口并将戒指打磨平滑，如图10-41所示。用夹木夹住戒指，如图10-42所示。

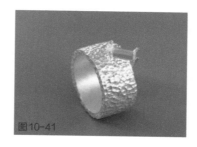

图10-41

图10-42

图10-43

STEP 02

使用小号的球形雕刻针将爪镶底座的爪子靠近宝石的位置打磨成一个"（ ）"形状，如图10-43所示。

STEP 03

图10-44

图10-45

图10-46

使用小号的椭圆形錾面錾子，如图10-44所示。用斜向下压的力量将纤细的爪子压向宝石，如图10-45所示。宝石的边缘与"（ ）"形状的凹陷贴合在一起，完成对宝石的固定，如图10-46所示。

STEP 04

完成爪镶戒指的制作，如图10-47所示。

图10-47

◆ 宝石的张力镶嵌

STEP 01

为铸造成金属的戒指去掉水口并将戒指打磨平滑，如图10-48所示。

图10-48

STEP 02

图10-49

图10-50

图10-51

将戒指套在戒指棒上，如图10-49所示。开口戒指和软蜡绳结戒指在铸造的过程中会有轻微变形的可能，需要在铸造成金属后再一次为其调整形状。为表面有特殊结构或纹理的戒指调整形状时可以使用塑胶锤，以免破坏纹理形状和结构，塑胶锤如图10-50所示。用塑胶锤敲击套在戒指棒上的戒指，注意施力均匀，有节奏地敲击戒指一圈，如图10-51所示。在这一步注意开口戒指型号的变化，可以随时取下进行测量。

STEP 03

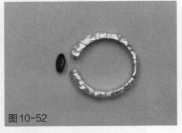

图10-52

图10-53

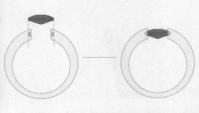

取下戒指测量型号，并将戒指开口与宝石大小进行比对，如图10-52所示。轻轻掰动戒圈，借助金属的张力夹住宝石，如图10-53所示。

STEP 04

完成张力镶嵌戒指的制作，如图10-54所示。

图10-54

金属的做旧

本节以树枝纹理戒指为例，演示金属做旧的基础方法。

STEP 01

为铸造成金属的戒指去掉水口并将戒指打磨平滑，如图10-55所示。将做旧液倒入大小合适的容器中，这里用的是不需要加热的做旧液，颜色为深红棕色，如图10-56所示。市面上常见的做旧液大体分为需要加热处理和无须加热处理两种类型。利用煮制的硫黄皂也可以达到金属做旧的目的，可以根据需求进行选择。

图10-55

图10-56

STEP 02

图10-57

图10-58

用镊子夹住戒指，并将其放入做旧液中，这种无须加热的做旧液的上色速度极快，可以立即看到做旧的效果，如图10-57所示。为整个戒指完成做旧处理，注意不要漏掉镊子夹住的部分，如图10-58所示。

STEP 03

图 10-59

图 10-60

用清水清洗戒指，完成做旧处理。案例中的做旧效果是偏向于深灰色的金属效果，如图10-59所示。做旧完成后，在戒托凹陷处放入珍珠，准备镶嵌，如图10-60所示。

STEP 04

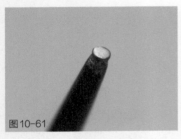

图 10-61

图 10-62

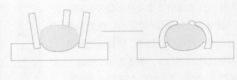

选取小号的椭圆形錾面錾子，如图10-61所示。在每一颗珍珠的周围选取均匀分布的3个爪子，用斜向下的力将爪子压向珍珠，如图10-62所示。

STEP 05

完成树枝纹理戒指的制作，如图10-63所示。

图 10-63

金属的复制

在珠宝首饰行业中，人们常应用复制的方法对已经成型的金属进行批量生产。一般用到的方法为胶板压制，并以此为模具进行蜡模的复制。

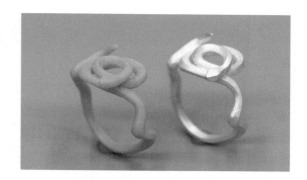

STEP 01

去掉准备复制的铸件的水口并将铸件打磨光滑，如图10-64所示。工厂会为金属铸件制作一个用胶板压合而成的模具，如图10-65所示。

图 10-64

图 10-65

STEP 02

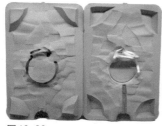

图 10-66

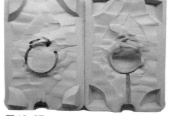

图 10-67

将模具分开后，可以看到与金属铸件完全一致的压制凹槽，如图10-66所示。通过预留的水口可以用机器将蜡液注入，形成新的蜡模，如图10-67所示。

STEP 03

通过这种方式复制的蜡模，其细节与金属原件完全一致，但蜡模会因缩水而比金属原件小4%左右，如图10-68所示。模具可循环利用，用这样的方法可以不断对金属原件进行复制，如图10-69所示。

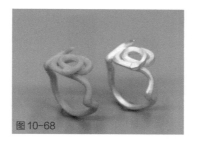

图 10-68

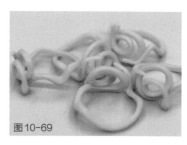

图 10-69

综合应用

当你熟练掌握了雕蜡工艺原理及金工基础原理后，可以以工艺原理为基础，进行更多的实验与尝试。本节将以一个系列作品为例进行演示。每位设计师或艺术家都有自己的创作方式，他们都需要不断学习才能逐渐培养出自己的创作语言。

STEP 01

图10-70

记录自己的灵感来源，它也许是某一项想进行延展的工艺技法，也许是某一项想进行的实验，也许是生活中带给你灵感的某一种体验。本节展示的是作者以"冰花"（如图10-70所示）为灵感制作的一个系列作品。

STEP 02

图10-71

图10-72

这个系列作品是从制作纹理开始的，使用的是颜料和小的胶皮滚轮，利用颜料与胶皮滚轮之间的张力制作纹理质感，如图10-71所示。通过控制力度和速度，可以制作出不同密度和效果的纹理，如图10-72所示。

STEP 03

为了保证作品最后能够呈现出足够丰富的纹理，在这一步需要尽可能尝试做出不同的效果并将其记录下来，如图10-73所示。

图10-73

STEP 04

使用硅胶对STEP 03得到的实验纹理
进行翻制，如图10-74所示。

图 10-74

STEP 05

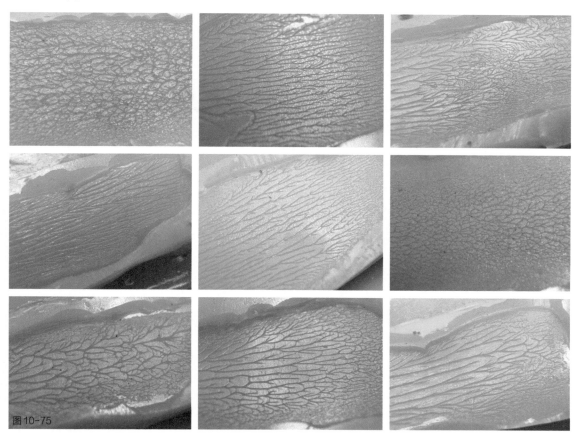

图 10-75

控制硅胶与固化剂的比例，尽可能还原纹理的精细程度，如图10-75所示。

STEP 06

用蜡灌制的方法翻制蜡模，如图 10-76所示。控制蜡灌制的温度和厚度，保证每一片蜡片都能够纹理细腻、无气泡，如图10-77所示。

图10-76

图10-77

STEP 07

图10-78

图10-79

图10-80

挑选合适的纹理部分，将其反面朝上放置在软木板（或其他柔软的材质）上，使用挖洞掏弧面刀形雕蜡刀打薄蜡片，如图10-78所示。将蜡片翻面，使用锋利的手术刀或刮角刀形雕蜡刀切割出想要的形状，如图10-79所示。为了后续的塑形与铸造，尽可能保证每片蜡片的厚度一致、边缘形状清晰，如图10-80所示。

STEP 08

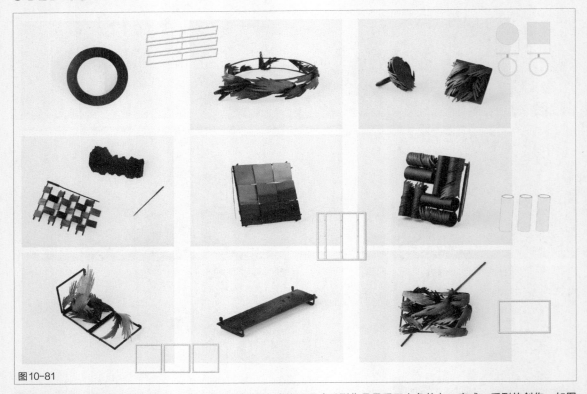

图10-81

将蜡片处理成规则或不规则的形状，配合金工等综合方式的运用（系列作品是手工上色的），完成一系列的创作，如图10-81所示。